筏形基础平法通用设计
C101-3

陈青来　著

中国建筑工业出版社

图书在版编目（CIP）数据

筏形基础平法通用设计：C101-3/陈青来著．—北京：中国建筑工
业出版社，2019.5
ISBN 978-7-112-23686-2

Ⅰ．①筏… Ⅱ．①陈… Ⅲ．①筏形基础-结构设计 Ⅳ．①TU471

中国版本图书馆 CIP 数据核字（2019）第 083193 号

本书为平法创始人陈青来教授所著 C101 系列平法通用设计图集的第三册。内容为筏形基础平法通用设计，包括梁板式筏形基础和平板式筏形基础相关构造的平法制图规则、通用构造和科学用钢构造。

本书可供建筑结构设计、施工、造价、监理等专业人员在具体工程项目中应用，并可供土木工程专业本科生和研究人员学习参考。

责任编辑：蒋协炳
责任校对：李欣慰

筏形基础平法通用设计

C101-3

陈青来　著

＊

中国建筑工业出版社出版、发行（北京海淀三里河路 9 号）
各地新华书店、建筑书店经销
北京红光制版公司制版
北京京华铭诚工贸有限公司印刷

＊

开本：787×1092 毫米　横 1/16　印张：5½　字数：102 千字
2019 年 6 月第一版　　2019 年 6 月第一次印刷
定价：**28.00** 元
ISBN 978-7-112-23686-2
（33812）

前　言

"平法"是本书作者的科技成果"建筑结构平面整体设计方法"的简称。

平法成果1995年荣获山东省科技进步奖、1997年荣获建设部科技进步奖并由国家科委列为《"九五"国家级科技成果重点推广计划》项目、由建设部列为一九九六年科技成果重点推广项目。

自1996年至2009年,作者陆续完成了G101系列平法建筑标准设计的全部创作。该系列于1999荣获建设部全国工程建设标准设计金奖,2008年荣获住房和城乡建设部全国优秀工程设计金奖,并在2009年荣获全国工程勘察设计行业国庆六十周年作用显著标准设计项目大奖。自1991年底首次推出平法,历经20多年的持续研究和推广,平法已在全国建筑结构工程界全面普及。

平法的成功推广与可持续发展,应当感谢结构界的众多专家学者和广大技术人员。[1]

1994年9月,经中国机械工业部设计研究总院邓潘荣教授大力推荐,由该院总工程师周廷垣教授鼎力支持,邀请本人进京为该院组织的七所兄弟大院首次举办平法讲座;当年10月,由中国科学院建筑设计研究院总工程师盛远猷教授推荐、中国建筑学会结构分会和中国土木工程学会共同组织,邀请本人在北京市建筑设计研究院报告厅,为在京的百所中央、部队和地方大型设计院的同行做平法讲座;两次发生在我国政治、文化、科技中心的重大学术活动,正式启动了平法向全国工程界的推广进程。

1995年5月,浙江大学副校长唐景春教授邀请本人初下江南,在浙大邵逸夫科学馆做平法讲座,为平法将来进入教育界先落一子。1995年8月,中国建筑标准设计研究院总工程师陈幼璠教授,以其远见卓识、鼎力推荐平法编制为G101系列国家建筑标准设计,促动平法科技成果直接进入结构设计界和施工界,缩短转化时间,以期迅速解放生产力。

1995至1999年,是平法向全国推广的重要基础阶段。在此阶段,建设部前设计司吴亦良司长和郑春源副司长、国家计委前设计局左焕黔副局长、中国建筑设计研究院总工程师暨国务院参事吴学敏教授、中国建筑标准设计研究所陈重所长、山东省建筑设计研究院薛一琴院长等数位大师级、学者型官员,在平法列为建设部科技成果重点推广项目、列入国家级科技成果重点推广计划、荣获建设部科技进步奖和创作G101系列国家建筑标准设计等重大事项上,发挥了重要的行政作用。

在平法十几年的发展过程中,有众多专家学者直接或间接地发挥了重要作用。本人在此真诚感谢邓潘荣、周廷垣、盛远猷、唐景春、吴学敏、陈幼璠、刘其祥教授,真诚感谢成文山、乐荷卿、沈蒲生教授,真诚感谢陈健、陈远椿、侯光瑜、程懋堃、姜学诗、徐

---

[1] 本段及其后五段所有文字摘自作者本人著作《钢筋混凝土结构平法设计与施工规则》序言(北京,中国建筑工业出版社,2007)。

有邻、张幼启教授，真诚感谢曾经参加平法系列国家建筑标准设计技术审查会和校审平法系列图集的所有专家、学者和教授。

在此，还应真诚感谢工作在结构设计、建造、预算和监理第一线，曾经参加本人平法讲座的数万名土建技术人员和管理人员。是他们将实践中发现的实际问题与本人交流，不仅使平法研究目标落到实处，而且始终未偏离存在决定意识的哲学思路。

近年来工程界出现了个别与平法研究毫无关系的人员及机构大规模抄袭平法原创作品，轻率地对其篡改，使严谨、严肃、科学的承载平法国家级科技成果重点推广项目的原创作品变质成为假冒平法作品。以上所述平法的发展过程，可对比鉴别假冒平法状况。

在世界各国设计领域，通常有相应专业技术的"设计标准[1]"，但并无"标准设计"。在满足同一设计标准的原则下，同一设计目标可以多种设计形式实现同样功能，即在满足设计可靠度的原则下，繁荣创作形成技术竞争和进步。平法 G101 系列虽获成功，但若长期缺乏竞争会形成垄断技术平台，从而妨碍技术创新。[2]

在我国由计划经济向市场经济转型过程中曾发挥一定积极作用的平法系列标准设计，已经完成既定使命。平法研制者坚持与时俱进，适时回归平法原本为通用设计的科学属性，坚持求真务实的诚实劳动进行平法通用设计图集的研究创作，以确保平法可持续发展，促进技术竞争，推动科技进步。

本册《筏形基础平法通用设计 C 101-3》图集，包括梁板式与平板式两种类型的现浇混凝土筏形基础，图集首度包含了平法科学用钢构造新研究成果。在筏形基础施工中应用科学用钢构造，不仅使筏形基础结构更加合理，而且产生经济效益立竿见影。

本图集供建筑结构设计、施工、监理、造价等人员在具体工程中直接应用，并可供土建工程专业学生和研究人员学习参考。图集未包括的构造及其他未尽事项，应在具体工程设计中由设计者补充设计。

对本图集中发现的问题或建议，请联系山东大学陈青来教授，邮箱：qlchen@sdu.edu.cn。

2018 年 11 月

作者声明

作者坚信党和国家"加强知识产权运用和保护，健全技术创新激励机制"的最新深化改革举措必将大力净化学术环境，激励诚实的创作劳动，推动科技进步。平法原创作品受《中华人民共和国著作权法》保护。未经作者正式许可，任何单位和个人对平法原创作品进行抄袭、复制、改编等直接或间接违反著作权法相关规定的侵权行为，均应承担相应的法律责任。

---

[1] 我国建筑结构领域的设计标准为代号开头为 GB 的各类设计、施工规范。
[2] 本段所有文字摘自作者本人著作《混凝土主体结构平法通用设计 C101-1》前言（北京，中国建筑工业出版社，2012）。

目　　录

第1章 总 则

第1.1条 本图集的平法制图规则和通用构造详图,适用于现浇混凝土梁板式与平板式筏形基础,以及与筏形基础相关构件的平法施工图设计与施工,其中包括主体结构构件在筏形基础内的锚固构造。

第1.2条 设计与施工采用本图集,除按平法制图规则和通用构造外,尚应符合国家现行有关规范和规程的相关规定。

第1.3条 采用平法制图规则进行设计,应将所有构件进行编号;编号中的类型代号主要作用之一,是指明所对应的通用构造详图;在通用构造详图上,则按其所属构件类型注明了代号,以明确该详图与平法施工图相应构件的互补关系,使两者合并构成完整的结构设计。

第1.4条 按平法制图规则设计筏形基础施工图,系在基础结构平面布置图上直接表达各类基础的尺寸和配筋等要素。表达方式以平面注写方式为主,列表注写及截面注写方式为辅。对复杂的筏形基础,尚应根据需要绘制模板、基坑、开洞及预埋件等图。

第1.5条 按平法设计绘制各类基础施工图,应注明基础底面基准标高;构件底面标高与基础底面基准标高不同者,应注明基准标高高差。各类基础底面基准标高规定详见具体制图规则。

第1.6条 为准确表达构件平面内两个方向的几何尺寸与配筋,确保施工识图准确无误,规定结构施工图的平面坐标方向为:

1. 当两向轴网正交布置时,图面从左至右为 X 向,从下至上为 Y 向,见图 1.6-1;当正交布置的轴网以某两向轴线交点为轴心转动时,局部坐标方向顺转向角度做相应转动,见图 1.6-2。

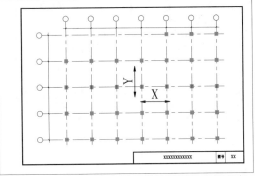

图 1.6-1 轴网正交布置时结构平面的坐标方向

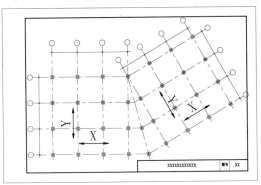

图 1.6-2 轴网以边轴线上的某交点为轴心转折时结构平面的坐标方向

2. 当轴网向心呈 Y 形或倒 Y 形布置时，切向为 X 向，径向为 Y 向，倒 Y 形布置的坐标方向示意见图 1.6-3。

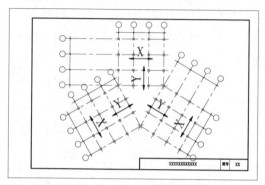

图 1.6-3　轴网向心倒 Y 形布置时结构平面的坐标方向

3. 当平面布置比较复杂时，如轴网转折轴心不在边轴线上某交点，或为 Δ 形轴网布置，或有局部扇状过渡区域、向心布置的核心区域等，其平面坐标方向应由设计者另行规定并加图示。

第 1.7 条　当设计者选用本图集时，为确保施工人员准确无误地按平法施工图施工，在具体工程的结构设计总说明中应包括以下与平法相关的内容：

1. 注明设计所选用的平法通用图集号[1]。

2. 注明混凝土结构的使用年限。

3. 当要求基础本体考虑抗震作用时，应注明抗震设防烈度及抗震等级；当未注明基础是否抗震设计时，即表示不考虑地震作用。注意当基础之上构件抗震设计时，其纵筋在基础内均应按抗震锚固。

4. 当通用构造详图对同一部位提供两种（或多种）构造方式时，施工人员可根据工程情况自行选择其中一种；当设计不允许施工自行选择时，应注明所限定采用的构造方式。

5. 注明各类构件钢筋需接长时采用的接头形式及相关要求，必要时尚应注明对钢筋的性能要求。

注：钢筋搭接连接应采用可实现足强度传力功能的非接触搭接方式（按 50%比例分两批搭接，在搭接范围由交叉钢筋绑扎固定，且不需要划分连接区与非连接区）。传统的接触搭接方式未准确承载钢筋与混凝土共同工作的科学原理，搭接钢筋相互接触导致混凝土无法完全握裹钢筋，粘结力低，搭接长度偏长亦不能足强度传力；且因连接不可靠连接区有限制，浪费钢材。

6. 注明混凝土结构暴露的环境类别[2]。

7. 当设置施工缝或后浇带时，应注明施工缝或后浇带的准确位置与界面形状；对后浇带尚应注明先后浇筑的最短时间间隔，以及后浇混凝土的强度等级等特殊要求。

8. 较具体的基础施工要求应随图说明。当需要对基础通用构造详图作变更时，应注明变更的具体内容。

第 1.8 条　对构件钢筋的混凝土保护层厚度、钢筋搭接和锚固长度，除在结构施工图中另有注明外，均按本通用图集构造详图的相关规定进行施工；规定中的建议值[3]具有重要参考作用。

---

[1] 如本图集号为 C101-3（2018）。

[2] 暴露的环境是指混凝土结构表面所处的环境。

[3] 当采用非接触搭接时，为科学用钢，可将传统的接触搭接长度减短 15%左右；建议非接触搭接面积率为25%时取1.05l_l，50%时取1.2l_l，100%时取1.35l_l。

第 2 章 梁板式筏形基础平法制图规则

第 1 节 梁板式筏形基础平法施工图的表示方法

第 2.1.1 条 梁板式筏形基础平法施工图，系在基础平面布置图上采用平面注写方式表达。

第 2.1.2 条 绘制基础平面布置图，可将其所支承的框架柱和剪力墙平面轮廓线与基础平面一起绘制。为使图面清晰、简明，基础平面布置图应主要表达基础构件的设计信息，不必绘制非承重的砌体填充墙轮廓线（此类墙体通常绘制在建筑学专业施工图上）。

第 2.1.3 条 梁板式筏形基础有低板位、中板位和高板位三种类型（通常多为低板位筏形基础），为竖向准确定位，应在平法结构竖向标高表中注明基础底面基准标高。

为统一起见，低板位、中板位和高板位筏形基础均以面积占比最大的基础平板底面标高作为筏形基础底面基准标高；各基础梁、基础平板、基坑等构件的底面相对于基础底面基准标高的高差，称为基准标高高差。

基准标高高差为基础构件竖向定位的选注值（有高差则注，无高差不注）。通过选注基准标高高差（见具体章节的相关规定），可定位各基础构件的竖向高度，可明确为"低板位"（梁底与板底相平）、"高板位"（梁顶与板顶相平）以及"中板位"（板在梁的中部）三种不同位置组合的筏形基础，方便设计表达。

第 2.1.4 条 对于轴线未居中的梁板式筏形基础的基础梁，应标注偏心定位尺寸。

第 2.1.5 条 梁板式筏形基础的基础主梁、基础次梁和基础平板，以两道平行基础梁的中心跨度 l_0 为度量的基准跨度。规定基础结构以中心跨度 l_0 为基准跨度，应注意上部结构的基准跨度系为梁、板两端支座间的净跨 l_n 为基准跨度，规定基础结构以中心跨度 l_0 为基准跨度的科学依据为：

1. 基础结构的主要功能为承载上部结构，基础梁和基础平板承受地基作用力的方向与上部结构的梁和楼板承受荷载的方向相反（前者向上，后者向下）；根据内力分布规律，基础结构与上部结构各自采取的钢筋构造方式亦上下相反。力的方向是力的三要素之一，平法对基础结构与上部结构采用不同的基准跨度，可反映基础结构与上部结构具有不同的功能、内力分布规律和构造方式。

2. 水平构件的净跨为左支座边缘至右支座边缘的距离。基础主梁承载上部结构为上部结构提供支座，而上部结构为被承载构件不可能反过来作基础主梁的支座，即在基础主梁上不存在支座而存在支承部位，且 l_n 的定义为两个支座之间的净跨，故基础主梁不应以净跨 l_n 为基准跨度，而应以基础主梁两个支承部位中心之间的跨度 l_0 为基准跨度。

3. 基础次梁以基础主梁为支座，在形式上存在两支座间的净跨 l_n；但基础次梁的线刚度较大（跨高比小），支座端的刚域已覆盖基础主梁中线，故从整体角度来看，基础主梁边缘对基础次梁并非刚性支承的起点；故平法规定，基础次梁同样以 l_0 为基准跨度。

注：基础次梁在基础结构中的数量相对较少，若将基础次梁与基础主梁设置不同的基准跨度，会直接导致几何参数类型复杂化，既不符合形式逻辑同一律也不符合技术方法易用性原则，加之基础次梁跨高比较小形成特殊刚域，故基础次梁的基准跨度采用 l_0 较之采用 l_n 更接近实际状况。

4. 基础平板以梁板式筏形基础主梁及基础次梁为支座，在形式上存在两支座间的净跨 l_n；但基础平板厚度较大（通常为楼板厚度的五倍甚至更厚），板支座端的刚域已覆盖基础梁支座中线，故从整体角度来看，基础梁边缘对基础平板并非刚性支承的起点；故平法规定，基础平板与整个基础结构相同，均以 l_0 为基准跨度。

5. 综上所述，基础主梁支承上部结构的柱或剪力墙，即上部结构竖向构件以基础主梁为支座，支座位置即基础主梁对上部竖向构件的支承部位。两支承部位的中线距离通常为相邻轴线尺寸，但两支承部位之间不存在净跨概念。若将筏形基础主梁基准跨度规定为与上部结构相同的支座间净跨 l_n，则混淆了构件之间非常重要的

支承与被支承关系，导致科学概念混乱。此外，基础次梁与基础平板因刚度较大及在支座端的刚域特征，宜将基准跨度与基础主梁保持一致。[1]

第2节 梁板式筏形基础构件类型与编号

第 2.2.1 条 梁板式筏形基础由基础主梁、基础次梁、基础平板等构成，编号按表 2.2.1 的规定。

梁板式筏形基础构件编号 表 2.2.1

构件类型	代号	序号	跨数及有否外伸
基础主梁	JZL	xx	(xx)或(xxA)或(xxB)
基础次梁	JCL	xx	(xx)或(xxA)或(xxB)
基础平板	LPB	xx	(X□/Y□) 即两向跨数及有否外伸的不同组合，其中□代表 xx、xxA、或 xxB

注：1. (xxA)为一端有外伸，(xxB)为两端有外伸，外伸不计入跨数。注意：当基础梁外伸端部截面高度减小时，外伸有"底平"与"顶平"两种形式，应加注明。由于传统的"底平"形状使混凝土难以浇筑振捣密实，平法建议采用科学、合理且方便施工的顶平形状。

例 JZL7(5B)表示第 7 号基础主梁，5 跨，两端为顶平外伸。

---

[1] 本书此款用较大篇幅分析基础结构的基准跨度问题，系因某些书籍混淆了构件支座与构件支承部位的不同定义，混淆了被支承与支承关系，使业界施工人员产生基础梁或基础底板纵筋锚入框架柱的错误概念。正确概念为框架柱纵筋锚入基础梁或基础底板，而不是相反。

2. 基础平板(梁板式筏形基础)：例 LPB3(X5B/Y3A)表示第 3 号基础平板，X 向 5 跨两端有外伸，Y 向 3 跨一端有外伸。注意：当基础平板外伸端部截面高度减小时，外伸有"底平"与"顶平"两种形状，注明要求同上条。

3. 基础平板(梁板式筏形基础)的双向跨数，以基础主梁轴线或主轴线上未设基础主梁的混凝土墙为准。在两条平行主轴线间无论有几道辅助轴线，梁板筏基础的基础次梁或非主轴线上的混凝土墙，则均按一跨考虑。

第 3 节　基础主梁与基础次梁的平面注写

第 2.3.1 条　基础主梁 JZL 与基础次梁 JCL 的平面注写，分集中标注与原位标注两部分内容。

第 2.3.2 条　基础主梁 JZL 与基础次梁 JCL 的集中标注，应在第一跨（X 向为左端跨，Y 向为下端跨）引出，规定如下：

1. 注写基础梁的编号，见表 2.2.1。

2. 注写基础梁的截面尺寸。以 $b \times h$ 表示梁截面宽度与高度；当为加腋梁时，表示为 $b \times h$　Y $c1 \times c2$，其中 $c1$ 为腋长尺寸，$c2$ 为腋高尺寸。

3. 注写基础梁的箍筋。

(1) 当具体设计采用一种箍筋间距时，仅需注写钢筋级别，直径、间距与肢数。肢数写在括号内。注写肢数时，当基础梁截面外

围全部为封闭箍仅注写肢数（多于双肢箍的截面内复合箍筋可全部采用开口箍或单肢箍）；全部为开口箍注写 n+肢数或 u+肢数（n 表示开口朝下用于低板位筏形基础，u 表示开口朝上用于高板位筏形基础）。

(2) 当根据基础梁的剪力分布规律，设计注重科学用钢而采用两种或多于两种箍筋间距时（箍筋配置自基础梁端部至跨中分批减小），先按上款规定注写梁两端第一种箍筋（或按顺序注写第一种、第二种箍筋），并在前面加注箍筋道数；再注写跨中第二种（或第三种箍筋）；不同箍筋配置用斜线"/"相分隔。注写跨中配置较小的箍筋（第二种或第三种箍筋）时，不需加注箍筋道数。

例　11Φ14@150/250(6)，表示箍筋为 HRB400 级钢筋，直径 $\phi14$，从梁端至跨内，间距 150 设置 11 道（即分布范围为 150×11=1650），其余间距为 250，两种箍筋均为六肢箍（截面外围为双肢封闭箍，截面内可为四肢开口箍，开口宜朝向基础底板方向）。

9Φ16@100(6) / 12Φ16@150(n6) /Φ16@200(n6)，表示箍筋为 HRB400 级钢筋，直径 $\phi16$，从梁端至跨内，间距 100 设置 9 道六肢箍（截面外围为双肢封闭箍，截面内可为四肢开口箍），间距 150 设置 12 道六肢下开口箍，其余间距为 200 的六肢下开口箍。

施工时应注意： 在两向基础主梁相交的柱下区域，应有一向截面较高的基础主梁按梁端箍筋全贯通设置（另一向基础主梁箍筋距离相交界面 50mm 起设）；当两向基础主梁等高时，则应将跨度较

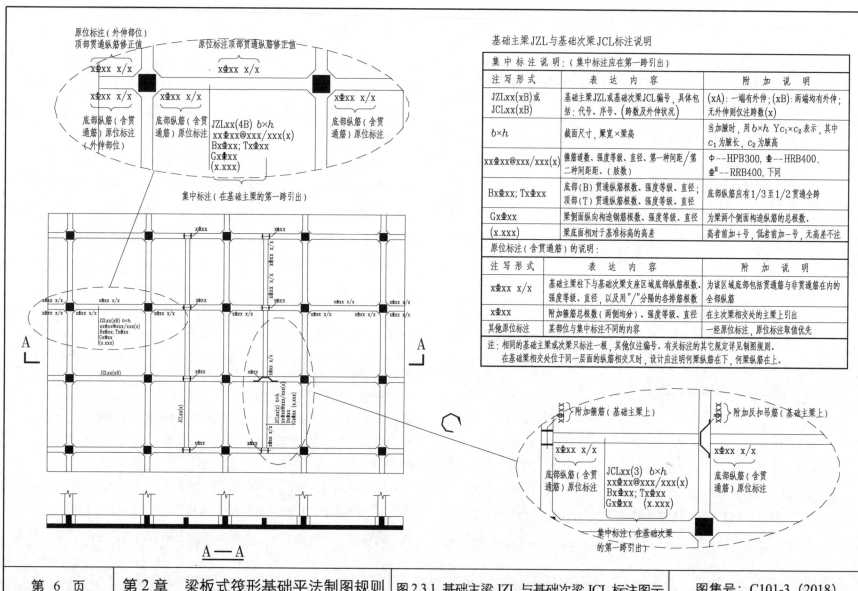

基础主梁JZL与基础次梁JCL标注说明

集中标注说明：（集中标注应在第一跨引出）		
注 写 形 式	表 达 内 容	附 加 说 明
JZLxx(xB)或 JCLxx(xB)	基础主梁JZL或基础次梁JCL编号，具体包括：代号、序号、（跨数及外伸状况）	(xA)：一端有外伸；(xB)：两端均有外伸；无外伸仅注跨数(x)
$b×h$	截面尺寸，梁宽×梁高	当加腋时，用$b×h$ $Yc_1×c_2$表示，其中c_1为腋长，c_2为腋高
xxΦxx@xxx/xxx(x)	箍筋道数、强度等级、直径、第一种间距/第二种间距、（肢数）	Φ--HPB300，Φ--HRB400，Φ^R--RRB400，下同
BxΦxx; TxΦxx	底部(B)贯通纵筋根数、强度等级、直径；顶部(T)贯通纵筋根数、强度等级、直径	底部纵筋应有1/3至1/2贯通全跨
GxΦxx	梁侧面纵向构造钢筋根数、强度等级、直径	为梁两个侧面构造纵筋的总根数
(x.xxx)	梁底面相对于基准标高的高差	高者前加+号，低者前加－号，无高差不注

原位标注（含贯通筋）的说明：		
注 写 形 式	表 达 内 容	附 加 说 明
xΦxx x/x	基础主梁柱下与基础次梁支座区域底部纵筋根数、强度等级、直径、以及用"/"分隔的各排筋根数	为该区域底部包括贯通筋与非贯通筋在内的全部纵筋
xΦxx	附加箍筋总根数（两侧均分）、强度等级、直径	在主次梁相交处的主梁上引出
其他原位标注	某部位与集中标注不同的内容	一经原位标注，原位标注取值优先

注：相同的基础主梁或次梁只标注一根，其余仅注编号。有关标注的其它规定详见制图规则。
在基础梁相交处位于同一层面的纵筋相交叉时，设计应注明何梁筋在下，何梁纵筋在上。

大的一向基础主梁按梁端箍筋全贯通设置（另一向基础主梁箍筋距离相交界面50mm起设）。

4. 注写基础梁的底部与顶部贯通纵筋。具体为：

(1) 先注写梁底部贯通纵筋（B打头）的规格与根数（不应少于底部受力钢筋总截面面积的1/3）。当跨中所注根数少于箍筋肢数时，需要在跨中加设架立筋，以固定箍筋，注写时，用加号"＋"将贯通纵筋与架立筋相联，架立筋注写在加号后面的括号内。

(2) 再注写顶部贯通纵筋（T打头）的配筋值。注写时用分号";"将底部与顶部纵筋分隔开来，如有个别跨与其不同者，按第2.3.3条原位标注的相关规定处理。

例 B4⊕32；T7⊕32 表示梁的底部配置4⊕32的贯通纵筋，梁的顶部配置7⊕32的贯通纵筋。

(3) 当梁底部或顶部贯通纵筋多于一排时，用斜线"/"将各排纵筋自上而下分开。

例 梁底部贯通纵筋注写为B8⊕28 3/5，则表示上一排纵筋为3⊕28，下一排纵筋为5⊕28。

注：1. 基础主梁与基础次梁的底部或顶部贯通纵筋，当严格控制50%接头百分率，并采用能够足强度传力的非接触搭接、套筒注浆机械连接、闪光摩擦对焊、以及其他科学连接方式时，可在任意位置进行连接，不受非连接区限制[1]。

---

[1] 对于金属线材和管材，先进连接技术的标准是"连接点的强度与刚度不低于

2. 当严格控制基础主梁贯通纵筋50%接头百分率，而采用传统的会减弱混凝土对钢筋粘结强度的接触搭接、或在带肋钢筋芯部直接套丝从而减小钢筋公称直径的直螺纹机械连接等非足强度连接方式时，底部贯通纵筋可在两轴线中部1/3跨度范围内连接，顶部贯通纵筋可在距轴线1/4跨度范围内连接。

3. 当严格控制基础次梁贯通纵筋50%接头百分率，并采用传统的接触搭接或直螺纹机械连接方式时，对于底部贯通纵筋可在两端主梁轴线中部1/3跨度范围内连接，对于顶部贯通纵筋可在距支座主梁轴线1/4跨度范围内连接。

5. 注写基础梁的侧面纵向构造钢筋。当梁腹板高度 $h_w \geqslant$ 450mm 时，根据需要须配置纵向构造钢筋。设置在梁两个侧面的总配筋值以大写字母G打头注写，且对称配置。

例 G 8⊕16，表示梁的两个侧面共配置8⊕16的纵向构造钢筋，每侧各配置4⊕16。

当基础梁一侧有基础板，另一侧无基础板时，梁两个侧面的纵向构造钢筋以G打头应分别注写并用"＋"号相连。

例 G 6⊕16＋4⊕16，表示梁腹板高度 h_w 较高侧面配置6⊕16，另一侧面配置4⊕16纵向构造钢筋。

6. 注写基础梁底面标高高差（系指相对于筏形基础平板底面标高的高差值）。该项为选注值，有高差则注入括号内（如"高板

线材或管材本体"。设立钢筋非连接区系因采用达不到足强度连接水平的落后技术，且存在受非连接区限制不能用足钢筋定尺长度导致的钢材浪费。

位"与"中板位"基础梁的底面与基础平板底面标高的高差值），无高差则不注（如"低板位"筏形基础的基础梁）。

第2.3.3条 基础主梁与基础次梁的原位标注，规定如下：

1. 注写底部梁端范围[1]的全部纵筋，注写值为该部位的实际钢筋，即包括已集中注写的贯通纵筋在内的所有纵筋：

(1) 当梁端范围的底部纵筋多于一排时，用斜线"/"将各排纵筋自上而下分开。

例 梁端范围底部纵筋注写为 $10\Phi25\ 4/6$，则表示上一排纵筋为 $4\Phi25$，下一排纵筋为 $6\Phi25$。

(2) 当同排纵筋有两种直径时，用加号"＋"将两种直径的纵筋相联。

例 梁端范围底部纵筋注写为 $4\Phi28+2\Phi25$，表示一排纵筋由两种不同直径钢筋组合。

(3) 当基础主梁支承部位两边或基础次梁中间支座两边的底部纵筋配置不同时，须在支承部位或中间支座两边分别标注；当两边底部纵筋相同时，可仅在一边标注配筋值。

设计时应注意：当基础主梁支承部位两边或基础次梁中间支座两边的梁底部非贯通纵筋采用不同配筋值时，对底部相平的梁，应先按配筋较小一边的配筋值选配相同直径的纵筋贯穿支承部位或中间支座，再将配筋较大一边的配筋差值选配适当直径的钢筋伸入支承部位或中间支座，避免造成支承部位或中间支座两边多根钢筋直径不同的配置方式。

施工及预算方面应注意：当底部贯通纵筋经原位修正出现两种配置时，应将两毗邻跨配置较大一跨的底部贯通纵筋伸过跨数终点或起点至右边或左边配置较小的毗邻跨连接（具体连接方式和位置见通用构造详图）。

(4) 当梁端范围的底部全部纵筋与集中注写过的贯通纵筋相同时，可不再重复做原位标注。

2. 注写基础梁的**附加箍筋**或反扣吊筋，将其直接画在平面图中的主梁上，用线引注总配筋值（附加箍筋的肢数注在括号内），当多数附加箍筋或反扣吊筋相同时，可在基础梁平法施工图上统一注明，少数与统一注明值不同者加原位引注。

施工时应注意：附加箍筋或反扣吊筋的几何尺寸应按通用构造详图，结合所在位置的主梁和次梁的截面尺寸而定。

3. 当基础梁外伸部位变截面高度时，在该部位原位注写 $b \times h_1/h_2$ 并接续注明"底平"或"顶平"。其中，h_1 为根部截面高度，h_2 为尽端截面高度。我国传统的变截面基础梁为"底平"形状，

---

[1] 对于基础主梁，梁端范围系指其支承部位一边（基础主梁的起点或终点）或两边（基础主梁中部）的范围；对于基础次梁，梁端范围系指邻接主梁支座一边（基础次梁的起点或终点）或两边（基础次梁的中间支座）的范围 。梁端范围的具体尺寸详见下一节相应规定和本书的相应通用构造。

此工艺产生于半个世纪之前建筑层数不多、基础承载不重、混凝土材料强度不高的时期。变截面的基础梁延伸部分采用底平形状时，由于延伸部位顶面为坡状，无法在其上用振捣设备使混凝土难以浇筑振捣密实，这种方式对承载力较高的高层建筑基础已不再适用。因此，平法建议采用科学、合理且方便施工振捣混凝土的"顶平"形状。

4. 注写修正内容。当在基础梁上集中标注的某项内容（如梁截面尺寸、箍筋、底部与顶部贯通纵筋或架立筋、梁侧面纵向构造钢筋、梁底面标高高差等）不适用于某跨或某外伸部分时，则将修正内容原位标注在该跨或该外伸部位，根据原位标注取值优先原则，施工时应按原位标注数值取用。

当在多跨基础梁的集中标注中已注明加腋，而该梁某跨端部不需要要加腋时，则应原位标注等截面的 $b×h$，以修正集中标注中的加腋信息。

本节规定的表达方式示例，见图 2.3.1 基础主梁 JZL 与基础次梁 JCL 标注图示。

第4节 基础主梁与基础次梁底部非贯通纵筋长度规定

第 2.4.1 条 为方便施工，凡基础主梁柱下区域（即支承部位）和基础次梁支座区域的底部非贯通纵筋延伸长度 a_0 值，当配置不多于两排时，在通用构造详图中统一取值为：第一排自柱中线向跨内延伸 $l_0/3$ 位置，第二排自柱中线向跨内延伸 $l_0/4$；当多于两排时，从第三排起的延伸长度值应由设计者注明。l_0 的取值规定为：对于基础主梁或基础次梁的端部，l_0 取本跨两端柱中心或中线跨度值；对于基础主梁中间支承部位或基础次梁的中间支座，l_0 取中间支承部位或中间支座两边较大一跨的中心跨度值。

第 2.4.2 条 基础主梁与基础次梁的外伸部位底部纵筋延伸长度 a_0 值，当配置不多于两排时，在通用构造详图中统一取值为：第一排延伸至梁端后上弯封边；第二排延伸至梁端头截断。

第 2.4.3 条 设计者本节第 2.4.1 条、第 2.4.2 条的统一取值规定时，应注意按现行《混凝土结构设计规范》、《建筑地基基础设计规范》和《高层混凝土结构技术规程》的相关规定进行校核，若不满足时应另行变更。

第5节 梁板式筏形基础平板的平面注写

第 2.5.1 条 梁板式筏形基础平板 LPB 的平面注写，分板底部与顶部贯通纵筋的集中标注，与板底部或顶部附加非贯通纵筋的原位标注（当不设置附加非贯通纵筋时则不作该项标注），以及当

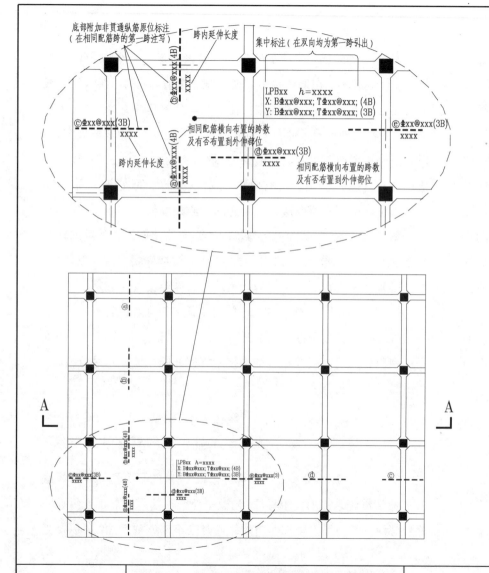

底部附加非贯通纵筋原位标注
(在相同配筋跨的第一跨注写)

跨内延伸长度

集中标注(在双向均为第一跨引出)

LPBxx h=xxxx
X: B⊕xx@xxx; T⊕xx@xxx; (4B)
Y: B⊕xx@xxx; T⊕xx@xxx; (3B)

相同配筋横向布置的跨数
及有否布置到外伸部位

相同配筋横向布置的跨数
及有否布置到外伸部位

跨内延伸长度

梁板式筏形基础基础平板LPB标注说明

集中标注说明：(集中标注应在双向均为第一跨引出)

注写形式	表达内容	附加说明
LPBxx	基础平板编号，包括代号和序号	为梁板式基础的基础平板
h=xxxx	基础平板厚度	
X: B⊕xx@xxx; T⊕xx@xxx; (x. xA. xB) Y: B⊕xx@xxx; T⊕xx@xxx; (x. xA. xB)	X向底部与顶部贯通纵筋强度等级、直径、间距，(总长度：跨数及有无伸) Y向底部与顶部贯通纵筋强度等级、直径、间距，(总长度：跨数及有无伸)	底部纵筋应有1/3至1/2贯通全跨，注意与非贯通纵筋组合设置的具体要求，详见制图规则。顶部纵筋应全跨贯通。用"B"引导底部贯通纵筋，用"T"引导顶部贯通纵筋。(xA)：一端有外伸；(xB)：两端均有外伸；无外伸则仅注跨数(x)。图面从左至右为X向，从下至上为Y向。

板底部附加非贯通筋的原位标注说明：(原位标注应在基础梁下相同配筋跨的第一跨下注写)

注写形式	表达内容	附加说明
⊗⊕xx@xxx(x. xA. xB) xxxx 基础梁	底部附加非贯通纵筋编号、强度等级、直径、间距，(相同配筋横向布置的跨数及有否布置到外伸部位)；自梁中心线分别向两边跨内的延伸长度值	当向两侧对称延伸时，可只在一侧注延伸长度值。外伸部位一侧的延伸长度与方式按通用构造，设计不注。相同非贯通纵筋可只注写一处，其他仅在中粗虚线上注写编号。与贯通纵筋组合设置时的具体要求详见相应制图规则
修正内容原位注写	某部位与集中标注不同的内容	一经原位注写，原位标注的修正内容取值优先

应在图注中注明的其他内容：
1. 当在基础平板周边侧面设置纵向构造钢筋时，应在图注中注明。
2. 应注明基础平板边缘的封边方式与配筋。
3. 当基础平板外伸变截面高度(通常基础梁无外伸)时，注明外伸部位的 h_1/h_2，h_1 为板根部截面高度，h_2 为板尽端截面高度，并紧随其后注明"顶平"或"底平"。
4. 当某区域板底有标高高差时，应注明其高差值与分布范围。
5. 当基础平板厚度 >2m 时，应注明设置在基础平板中部的水平构造钢筋网。
6. 当在板中采用拉筋时，注明拉筋的配置及布置方式(双向或梅花双向)。
7. 注明混凝土垫层厚度与强度等级。
8. 结合基础主梁交叉纵筋的上下关系，当基础平板同一层面的纵筋相交叉时，应注明何向纵筋在下，何向纵筋在上。

注：有关标注的其它规定详见梁板式筏形基础平板制图规则。

LPBxx h=xxxx
X: B⊕xx@xxx; T⊕xx@xxx; (4B)
Y: B⊕xx@xxx; T⊕xx@xxx; (3B)

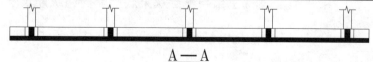

A — A

基础底板延伸部位变截面时原位标注变截面高度尺寸并注明"底平"或"顶平"。

第 2.5.2 条 梁板式筏形基础平板 LPB 贯通纵筋的集中标注，应在所表达的板区双向均为第一跨（X 与 Y 双向首跨）的板上引出（图面从左至右为 X 向，从下至上为 Y 向）。

板区划分条件：a. 当板厚不同时，相同板厚区域为同一板区。b. 当因基础梁跨度、间距、板底标高等不同，设计者对基础平板的底部与顶部贯通纵筋分区域采用不同配置时，配置相同的区域为同一板区。各板区应分别进行集中标注。

集中标注的内容，规定如下：

1. 注写基础平板的编号，见表 2.2.1。

2. 注写基础平板的截面尺寸。注写 $h=xxx$ 表示板厚。

3. 注写基础平板的底部与顶部贯通纵筋及总长度。

先注写 X 向底部（B 打头）贯通纵筋与顶部（T 打头）贯通纵筋及纵向长度范围；再注写 Y 向底部（B 打头）贯通纵筋与顶部（T 打头）贯通纵筋及纵向长度范围（图面从左至右为 X 向，从下至上为 Y 向）。

贯通纵筋的**总长度**注写在括号中，注写方式为"跨数及有无外伸"，表达形式为（xx）（无外伸）、（xxA）（一端有外伸）或（xxB）（两端有外伸）。

注 基础平板的跨数以构成柱网的主轴线为准；两主轴线之间无论有几道辅助轴线（例如框筒结构中混凝土内筒中的多道墙体），均可按一跨考虑。

例 X：B单22@150；T单20@150；（5B）
Y：B单20@200；T单18@200；（7A）

表示基础平板 X 向底部配置单22 间距 150 的贯通纵筋，顶部配置单20 间距 150 的贯通纵筋，纵向总长度为 5 跨两端有外伸；Y 向底部配置单20 间距 200 的贯通纵筋，顶部配置单18 间距 200 的贯通纵筋，纵向总长度为 7 跨一端有外伸。

当某向底部贯通纵筋或顶部贯通纵筋的配置，在跨内有两种不同间距时，先注写跨内两端的第一种间距，并在前面加注纵筋根数（以表示分布的范围）；再注写跨中部的第二种间距（不需加注根数）；两者用"/"分隔。

例 X：B12单22@200/150；T10单20@200/150 表示基础平板 X 向底部配置单22 的贯通纵筋，跨两端间距为 200 配 12 根，跨中间距为 150；X 向顶部配置单20 的贯通纵筋，跨两端间距为 200 配 10 根，跨中间距为 150。（纵向总长度略）

施工及预算方面应注意：当基础平板分板区进行集中标注，且相邻板区板底相平时，两种不同配置的底部贯通纵筋应在两毗邻板跨配置较小板跨连接。（即配置较大板跨的底部贯通纵筋须越过板区分界线伸至毗邻板跨进行连接，具体位置见通用构造详图。

第 2.5.3 条 梁板式筏形基础平板 LPB 的原位标注，主要表达横跨基础梁下（板支座）的板底部附加非贯通纵筋，以及当基础底板延伸部位变截面时原位标注变截面高度尺寸并注明"底平"或"顶平"。规定如下：

    1. 注写板底部附加非贯通纵筋

(1) 原位注写位置：在配置相同的若干跨的第一跨下注写。

(2) 注写内容：

在上述注写规定位置水平垂直穿过基础梁绘制一段中粗虚线代表底部附加非贯通纵筋，在虚线上注写编号（如①、②、等）、钢筋级别、直径、间距与横向布置的跨数及是否布置到外伸部位（横向布置的跨数及是否布置到外伸部位注在括号内），以及自基础梁中线分别向两边跨内的纵向延伸长度值。当该筋向两侧对称延伸时，可仅在一侧标注，另一侧不注；当布置在边梁下时，向基础平板外伸部位一侧的纵向延伸长度与方式按通用构造，设计不注。底部附加非贯通筋相同者，可仅在一根钢筋上注写，其他可仅在中粗虚线上注写编号。

横向布置的跨数及是否布置到外伸部位的表达形式为：（xx）（外伸部位无横向布置或无外伸部位）、（xxA）（一端外伸部位有横向布置）或（xxB）（两端外伸部位均有横向布置）。横向连续布置的跨数及是否布置到外伸部位，不受集中标注贯通纵筋的板区限制。

例 某3号基础主梁 JZL3(7B)，7跨，两端有外伸。在该梁第一跨原位注写基础平板底部附加非贯通纵筋Φ18@300 （4A），在第5跨原位注写底部附加非贯通纵筋Φ20@300 （3A），表示底部附加非贯通纵筋第一跨至第四跨且包括第一跨的外伸部位的横向配置相同，第五跨至第七跨且包括第七跨的外伸部位的横向配置相同。（延伸长度值略）。

原位注写的底部附加非贯通纵筋，分以下几种方式：

① "隔一布一" 方式：为基础平板（X 向或 Y 向）的底部附加非贯通纵筋与贯通纵筋交错插空布置，所标注的间距与底部贯通纵筋相同（两者实际组合后的间距为各自标注间距的1/2）。当贯通筋为底部纵筋总截面面积的1/2时，附加非贯通纵筋直径与贯通纵筋直径相同；当贯通筋界于底部纵筋总截面面积的1/2与1/3之间时，附加非贯通纵筋直径将大于贯通纵筋直径。

例1 原位注写的基础平板底部附加非贯通纵筋为：⑤Φ22@300 （3），在该3跨范围集中标注的底部贯通纵筋的间距也应为300，如 BΦ22@300（注写在"；"号前），该3跨实际横向设置的底部纵筋合计Φ22@150，其中1/2为⑤号附加非贯通纵筋，1/2为贯通纵筋，（延伸长度值略）。其他与⑤号筋相同的底部附加非贯通纵筋可仅注编号⑤。

例2 原位注写的基础平板底部附加非贯通纵筋为：②Φ25@300 （4），在该4跨范围集中标注的底部贯通纵筋的间距也应为300，如 BΦ22@300（注写在"；"号前），表示该4跨实际横向设置的底部纵筋为（1Φ25+1Φ22）/300，彼此间距为150，其中56%为②号附加非贯通纵筋，43%为贯通纵筋，（延伸长度值略）。

② "隔一布二" 方式：基础平板（X 向或 Y 向）底部每隔一根贯通纵筋布置两根附加非贯通纵筋，其间距有两种且交替布置，

并用两个"@"符分隔；其中较小间距为较大间距的 1/2，为贯通纵筋间距的 1/3。（当贯通筋为底部纵筋总截面面积的 1/3 时，附加非贯通纵筋直径与贯通纵筋直径相同；当贯通筋界于底部纵筋总截面面积的 1/2 与 1/3 之间时，附加非贯通纵筋直径小于贯通纵筋直径。）

例 1 原位注写的基础平板底部附加非贯通纵筋为⑤Φ20@100@200(2)，在该两跨范围集中标注的底部贯通纵筋为 BΦ20@300（在"；"号前），表示该两跨实际横向设置的底部纵筋为Φ20@100，其中 2/3 为⑤号附加非贯通纵筋，1/3 为贯通纵筋，（延伸长度值略）。其他部位与⑤号相同的附加非贯通纵筋可仅注编号⑤。

例 2 原位注写的基础平板底部附加非贯通纵筋为①Φ20@120@240(3)，在该 3 跨范围集中标注的底部贯通纵筋为 BΦ22@360（注写在"；"号前），表示该 3 跨实际横向设置的底部纵筋为（2Φ20＋1Φ22）/360，各根钢筋的间距均为 120。（其中 62%为①号附加非贯通纵筋，38%为贯通纵筋。延伸长度值略）

设计时应注意，"隔一布一"方式施工方便，设计时仅通过调整纵筋直径即可实现贯通全跨的纵筋面积界于相应方向总配筋面积的 1/3 至 1/2 之间，因此，宜为首选方式。

当底部附加非贯通纵筋布置在跨内有两种不同间距的底部贯通纵筋区域时，其间距应分别对应为两种，其注写形式应与贯通纵筋保持一致；即先注写跨内两端的第一种间距，并在前面加注纵筋根数（以表示其分布的范围）；再注写跨中部的第二种间距（不需

加注根数）；两者用"／"分隔。

③ 注写修正内容。当集中标注的的某些内容不适用于梁板式筏形基础平板的某板区某一板跨时，应由设计者在该板跨内以文字注明，施工时应按文字注明数值取用。

④ 当若干基础梁下基础平板的底部附加非贯通纵筋配置相同时（其底部、顶部的贯通纵筋可以不同），可仅在一根基础梁下做原位注写，并在其他梁上注明"该梁下基础平板底部附加非贯通纵筋同 XX 基础梁"。

2. 注写基础平板外伸变截面高度尺寸和形状

当基础平板外伸变截面高度时，应注明外伸部位的 h_1/h_2 并接续注明"底平"或"顶平"。其中，h_1 为板根部截面高度，h_2 为板尽端截面高度。

我国传统的基础平板变截面外伸为"底平"板面则为坡形，当浇筑混凝土时坡形顶面无法采用振捣设备将混凝土振捣密实，这种方式对承载力较高的高层建筑基础已不再适用。因此，平法建议采用科学合理方便振捣混凝土的"顶平"形状。基础延伸板为顶平时，坡形底面亦能减少土方挖掘量。

第 2.5.4 条 应在图注中注明的其它内容：

1. 当在基础平板周边侧面设置纵向构造钢筋时，应在图注中注明。

2. 应注明基础平板边缘的封边方式与配筋。

(1) 当采用底部与顶部纵筋弯直钩封边方式时,注明底部与顶部纵筋设置弯钩的纵筋间距(每筋必弯,或隔一弯一或其他);

(2) 当采用 U 形筋封边方式时,注明边缘 U 形封边筋的规格与间距;当不采用钢筋封边(侧面无筋)时,亦应注明。

3. 当某区域板底有标高高差时(系指相对于筏形基础平板底面标高的高差),应注明高差值与分布范围。

4. 当基础平板厚度＞2m 时,应注明设置在基础平板中部的水平构造钢筋网。应注意:基础平板中部设置水平构造钢筋网的作用是传导现浇混凝土凝固过程中产生的水化热,通常直径 16mm 直径的光圆钢筋双向间距 250mm 并在钢筋端部弯 12d 直钩,即可实现这一功能。如果将配置很大的板受力钢筋设置在板中部,浪费钢材,违背科学用钢原则。

5. 当在板的分布范围内采用拉筋时,应注明拉筋的强度等级、直径、双向间距,以及设置方式(双向或梅花双向)等。应注意:板通常不需要设置拉筋(不包括因抗剪需要所设置的状似拉筋的双向分布抗剪单肢箍)。

6. 当在基础平板外伸阳角部位设置放射筋时,应注明放射筋的强度等级、直径、根数,以及设置方式等。

7. 应注明混凝土垫层厚度与强度等级。

第 2.5.5 条 梁板式筏形基础平板 LPB 的平面注写规定,同样适用于钢筋混凝土墙下的基础平板。

本节规定的表达方式示例,见图 2.5.1 梁板式筏形基础平板 LPB 标注图示。

第 6 节 其 他

第 2.6.1 条 无论上部结构主体为抗震还是非抗震,梁板式筏形基础自身钢筋的连接、基础次梁在基础主梁支座内的锚固、基础平板在基础主梁及基础次梁支座的锚固均按非抗震处理。当上部结构为抗震时,柱(包括柱脚)与墙在基础内的插筋锚固则应按抗震锚固。即何构件抗震,该构件纵筋在其支座内的锚固亦按抗震锚固,而与为其提供支座的支承构件是否抗震无关;若其为非抗震,该构件纵筋在其支座内的锚固亦按非抗震锚固,同样与为其提供支座的支承构件是否抗震无关。

当具体工程存在特殊情况时,设计者可对本通用图集的规则和构造做相应变更。

第 2.6.2 条 本章未包括的表示方法与构造做法,应由设计者根据具体工程情况和规范要求进行设计、绘制。

第3章 平板式筏形基础平法制图规则

第1节 平板式筏形基础平法施工图的表示方法

第3.1.1条 平板式筏形基础平法施工图，系在基础平面布置图上采用平面注写方式表达。

第2节 平板式筏形基础构件类型与编号

第3.2.1条 平板式筏形基础由柱下板带，跨中板带构成；当设计不分板带时，可按基础平板进行表达。平板式筏形基础构件编号按表3.2.2的规定。

平板式筏形基础构件编号 表3.2.2

构件类型	代号	序号	跨数及有否外伸
柱下板带	ZXB	xx	(xx)或(xxA)或(xxB)
跨中板带	KZB	xx	(xx)或(xxA)或(xxB)
平板式筏形基础平板	BPB	xx	(xx)或(xxA)或(xxB)

注：1. (xxA)为一端有外伸，(xxB)为两端有外伸，外伸不计入跨数。注意：当外伸端部截面高度减小时，外伸有"底平"与"顶平"两种形状，

应加注明。由于传统的"底平"形状使混凝土难以浇筑振捣密实，平法建议采用科学合理且方便施工的顶平形状。

2. 基础平板(平板式筏形基础)：例 BPB2(X7B/Y5B)表示第2号基础平板，X向7跨两端有外伸，Y向5跨两端有外伸。注意：当基础平板外伸端部截面高度减小时，外伸有"底平"与"顶平"两种形状，注明要求同上条。

3. 基础平板(平板式筏形基础)的双向跨数，通常以主体结构的双向主轴线为准。

第3节 柱下板带、跨中板带的平面注写

第3.3.1条 柱下板带 ZXB（视其为无箍筋的宽扁梁）与跨中板带 KZB 的平面注写，分板带底部和顶部贯通纵筋的集中标注与板带底部附加非贯通纵筋的原位标注两部分内容。

第3.3.2条 柱下板带与跨中板带的集中标注，应在第一跨（X向为左端跨，Y向为下端跨）引出，规定如下：

1. 注写编号，见表3.3.2。

2. 注写截面尺寸，注写 $b=$ xxxx 表示板带宽度（设计者应在图注中注明基础平板厚度）。设计者应根据规范要求与结构实际受力需要确定柱下板带宽度。当柱下板带宽度确定后，跨中板带宽度亦随之确定（即相邻两平行柱下板带之间的距离）。当柱下板带中心线偏离柱中心线时，应在平面图上标注定位尺寸。

3. 注写底部与顶部贯通纵筋，具体内容为：

注写底部贯通纵筋（B打头）与顶部贯通纵筋（T打头）的规格与间距，用分号"；"将其分隔开来。对于柱下板带的柱下区域，通常在底部贯通纵筋间隔中点插空设置原位注写的底部附加非贯通纵筋。

例 BΦ22@300；TΦ25@150 表示板带底部配置Φ22 间距 300 的贯通纵筋，板带顶部配置Φ25 间距 150 的贯通纵筋。

注：1. 柱下板带与跨中板带的底部或顶部贯通纵筋，当严格控制 50%接头百分率，并采用能够足强度传力的非接触搭接、套筒注浆机械连接、闪光摩擦对焊、以及其他科学连接方式时，可在任意位置进行连接，不受非连接区限制[1]。

2. 柱下板带与跨中板带的底部贯通纵筋，当严格控制 50%接头百分率，而采用传统的会减弱混凝土对钢筋粘结强度的接触搭接、或在带肋钢筋芯部直接套丝从而减小钢筋公称直径的直螺纹机械连接等非足强度连接方式时，可在跨中 1/3 范围连接。

3. 当严格控制顶部贯通纵筋 50%接头百分率，而采用传统的会减弱混凝土对钢筋粘结强度的接触搭接、或在带肋钢筋芯部直接套丝从而减小钢筋公称直径的直螺纹机械连接等非足强度连接方式时，柱下板带顶部贯通纵筋可在柱下区域连接，跨中板带的顶部贯通纵筋柱网轴线附近 1/3 跨度内连接。

---

[1] 对于金属线材和管材，先进连接技术的标准是"连接点的强度与刚度不低于线材或管材本体"。设立钢筋非连接区系因采用达不到足强度连接水平的落后技术，且存在受非连接区限制不能用足钢筋定尺长度导致的钢材浪费。

施工及预算方面应注意：当柱下板带底部贯通的纵筋配置在某跨开始改变时，两种不同配置的底部贯通纵筋应在两毗邻跨配置较小跨的跨内连接，即配置较大跨的底部贯通纵筋须越过其跨数终点或起点伸至毗邻跨连接（具体位置见通用构造详图）。

第 3.3.3 条 柱下板带与跨中板带原位标注的内容，主要为底部附加非贯通纵筋，规定如下：

1. 注写内容：以一段与板带同向的中粗虚线代表附加非贯通纵筋；对柱下板带：贯穿其柱下区域绘制；对跨中板带：横贯柱中线绘制。在虚线上注写底部附加非贯通纵筋的编号（如①、②、等）、钢筋级别、直径、间距，以及自柱中线分别向两侧跨内的延伸长度值。当向两侧对称延伸时，长度值可仅在一侧标注，另一侧不注。向外伸部位的延伸长度与方式按通用构造，设计不注。同一板带底部附加非贯通筋相同者，可仅在一根钢筋上注写，其它可在中粗虚线上仅注写编号。

底部附加非贯通纵筋的原位注写，分下列几种方式：

（1）"隔一布一" 方式：柱下板带或跨中板带底部附加非贯通纵筋与贯通纵筋交替插空布置，标注间距与底部贯通纵筋相同（两者实际组合后的间距为各自标注间距的 1/2）。当贯通筋为底部纵筋总截面面积的 1/2 时，附加非贯通纵筋直径与贯通纵筋直径相同；当贯通筋界于 1/2 与 1/3 之间时，附加非贯通纵筋直径大于贯通纵筋直径。

例1　柱下区域注写底部附加非贯通纵筋③⾦22@300，集中标注的底部贯通纵筋也应为⾦22@300（注写在"；"号前），表示在柱下区域实际设置的底部纵筋为⾦22@150，其中1/2为③号附加非贯通纵筋，1/2为贯通纵筋，（延伸长度值略）。其他部位与③号筋相同的附加非贯通纵筋仅注编号③。

例2　柱下区域注写底部附加非贯通纵筋②⾦25@300，集中标注的底部贯通纵筋为B⾦22@300（注写在"；"号前），表示在柱下区域实际设置的底部纵筋为（1⾦25＋1⾦22）/300，各筋间距为150，其中56%为②号附加非贯通纵筋，43%为贯通纵筋，（延伸长度值略）

（2）"隔一布二"方式：柱下板带或跨中板带每隔一根底部贯通纵筋布置两根附加非贯通纵筋，其间距有两种，且交替布置，并用两个"@"符分隔；其中较小间距为较大间距的1/2且为贯通纵筋间距的1/3。当贯通筋为底部纵筋总截面面积的1/3时，附加非贯通纵筋直径与贯通纵筋直径相同；当贯通筋界于1/2与1/3之间时，附加非贯通纵筋直径小于贯通纵筋直径。

例1　柱下区域注写底部附加非贯通纵筋⑤⾦20@100@200，集中标注的底部贯通纵筋应为B⾦20@300（在"；"号前），表示在柱下区域实际设置的底部纵筋为⾦20@100，其中2/3为⑤号附加非贯通纵筋，1/3为贯通纵筋，（延伸长度值略）。其他与⑤号筋相同的附加非贯通纵筋仅注编号⑤。

例2　柱下区域注写底部附加非贯通纵筋①⾦20@100@200，集中标注的底部贯通纵筋为B⾦22@300（注写在"；"号前），表示在柱下区域实际设

置的底部纵筋为（2⾦20＋1⾦22）/300，各筋间距为100，其中62%为①号附加非贯通纵筋，38%为贯通纵筋（延伸长度值略）。

设计时应注意："隔一布一"方式施工方便，设计时仅通过调整纵筋直径即可实现贯通全跨的纵筋面积界于相应方向总配筋面积的1/3至1/2之间，因此，宜为首选方式。

（3）当跨中板带在轴线区域不设置底部附加非贯通纵筋时，则不绘制代表附加非贯通纵筋的虚线，亦不做原位注写。

2. 注写修正内容。当在柱下板带、跨中板带上集中标注的某些内容（如宽度尺寸、底部与顶部贯通纵筋等）不适用于某跨或某外伸部分时，则将修正的数值原位标注在该跨或该外伸部位，根据"原位标注取值优先"原则，施工时应按原位标注数值。

设计时应注意：对于轴线两边不同配筋值的（经注写修正的）底部贯通纵筋，应按较小一边的配筋值选配相同直径的纵筋贯穿轴线，较大一边的配筋差值选配适当直径的钢筋伸至轴线，避免造成轴线两边配筋大部分直径不同的不合理配置结果。

第3.3.4条　柱下板带ZXB与跨中板带KZB在图注中应注明的其他内容为：

1. 注明板厚。当整片平板式筏形基础有不同板厚时，应分别注明各自的板厚值及分布范围。

2. 当在基础平板周边沿侧面设置纵向构造钢筋时，应在图注

中注明。

3. 应注明基础平板边缘的封边方式与配筋。

（1）当采用底部与顶部纵筋弯直钩封边方式时，注明底部与顶部纵筋设长直钩的纵筋间距（每筋必弯，或隔一弯一或其他）；

（2）当采用 U 形筋封边方式时，注明边缘 U 形封边筋的规格与间距；当不采用钢筋封边（侧面无筋）时，亦应注明。

4. 当某区域板底有标高高差时（系指相对于筏形基础平板底面标高的高差），应注明高差值与分布范围。

5. 当基础平板厚度＞2m 时，应注明设置在基础平板中部的水平构造钢筋网。应注意：基础平板中部设置水平构造钢筋网的作用是传导现浇混凝土凝固过程中产生的水化热，通常直径 16mm 直径的光圆钢筋双向间距 250mm 并在钢筋端部弯 12d 直钩即可实现这一功能。如果将配置很大的板受力钢筋设置在板中部则浪费钢材，违背科学用钢原则。

6. 当在板的分布范围内采用拉筋时，应注明拉筋的强度等级、直径、双向间距，以及设置方式（双向或梅花双向）等。应注意：板通常不需要设置拉筋（不包括因抗剪需要可能在柱下范围设置的状似拉筋的双向分布抗剪单肢箍）。

7. 当在基础平板外伸阳角部位设置放射筋时，应注明放射筋的强度等级、直径、根数，以及设置方式等。

8. 应注明混凝土垫层厚度与强度等级。

第 3.3.5 条 柱下板带 ZXB 与跨中板带 KZB 的注写规定，同样适用于平板式筏形基础局部承载剪力墙的情况。

第 4 节　平板式筏形基础平板的平面注写

第 3.4.1 条 平板式筏形基础平板 BPB 的平面注写，分板底部与顶部贯通纵筋的集中标注与板底部附加非贯通纵筋的原位标注两部分内容。当仅设置底部与顶部贯通纵筋而未设置底部附加非贯通纵筋时，则仅做集中标注。

基础平板 BPB 的平面注写与柱下板带 ZXB、跨中板带 KZB 的平面注写为不同的表达方式，但可表达同样的内容。当整片板式筏形基础配筋比较规律时，可采用 BPB 表达方式。

第 3.4.2 条 平板式筏形基础平板 BPB 的集中标注，除按表 3.2.1 注写编号外，其他与第 2 章第 5 节关于 LPB 的规定相同。但应注意 BPB 与 LPB 的区别为 BPB 不一定设置基础平板底部非贯通筋。

第 3.4.3 条 平板式筏形基础平板 BPB 的原位标注，主要表达横跨柱中心线下的底部附加非贯通纵筋。注写规定如下：

1. 原位注写位置：在配置相同的若干跨的第一跨下注写。

2. 注写内容：

在上述注写规定位置水平垂直穿过轴线，绘制一段中粗虚线代表底部附加非贯通纵筋，在虚线上的注写内容与第2章第5节关于LPB的底部附加非贯通筋相同。

3. 当某些柱中心线下的基础平板底部附加非贯通纵筋横向配置相同时（其底部、顶部的贯通纵筋可以不同），可仅在一条中心线下做原位注写，并在其它柱中心线上注明"该柱中心线下基础平板底部附加非贯通纵筋同 xx 柱中心线"。

当底部附加非贯通纵筋横向布置在跨内的有两种不同间距的底部贯通纵筋区域时，其间距应分别对应为两种，其注写形式应与贯通纵筋保持一致；即先注写跨内两端的第一种间距，并在前面加注纵筋根数；再注写跨中部的第二种间距（不需加注根数）；两者用"/"分隔。

注：上述表达方式与本条第2款规定相比，有以下优点：其一，表达形式简单；其二，与原创平法关于次梁配置两种箍筋的表示方法有相似性，方便记忆。

第 3.4.4 条 平板式筏形基础平板BPB应在图注中注明的其他内容为：

1. 注明板厚。当整片平板式筏形基础有不同板厚时，应分别注明各板厚值及其各自的分布范围。

2. 当在基础平板周边侧面设置纵向构造钢筋时，应在图注中注明。

3. 应注明基础平板边缘的封边方式与配筋。

(1) 当采用底部与顶部纵筋弯直钩封边方式时，注明底部与顶部纵筋设置弯钩的纵筋间距（每筋必弯，或隔一弯一或其他）；

(2) 当采用 U 形封边方式时，注明边缘 U 形封边筋的规格与间距；当不采用钢筋封边（侧面无筋）时，亦应注明。

4. 当某区域板底有标高高差时（系指相对于筏形基础平板底面标高的高差），应注明高差值与分布范围。

5. 当基础平板厚度>2m 时，应注明设置在基础平板中部的水平构造钢筋网。应注意：基础平板中部设置水平构造钢筋网的作用是传导现浇混凝土凝固过程中产生的水化热，通常直径 16mm 直径的光圆钢筋双向间距 250mm 并在钢筋端部弯 12d 直钩即可实现这一功能。如果将配置很大的板受力钢筋设置在板中部浪费钢材，违背科学用钢原则。

6. 当在板的分布范围内采用拉筋时，应注明拉筋的强度等级、直径、双向间距，以及设置方式（双向或梅花双向）等。应注意：板通常不需要设置拉筋（不包括因抗剪需要所设置的状似拉筋的双向分布抗剪单肢箍）。

7. 当在基础平板外伸阳角部位设置放射筋时，应注明放射筋的强度等级、直径、根数，以及设置方式等。

8. 应注明混凝土垫层厚度与强度等级。

第 3.4.5 条 平板式筏形基础平板 BPB 的平面注写规定，同样适用于平板式筏形基础上局部有剪力墙情况。设计与施工应注意，当在剪力墙底部基础平板内设置暗梁或设置墙下加强纵筋时，与暗梁纵筋或加强纵筋同向的板底部和顶部贯通纵筋不需要重叠布置，即在暗梁或加强纵筋的宽度和分布范围内不重复设置板筋。

第 5 节 其 他

第 3.5.1 条 无论上部结构主体为抗震还是非抗震，平板式筏形基础自身钢筋的连接均按非抗震处理。当上部结构为抗震时，柱（包括柱脚）与墙在基础内的插筋锚固应按抗震锚固。即何构件抗震，该构件纵筋在其支座内的锚固亦按抗震锚固，而与为其提供支座的支承构件是否抗震无关；若其为非抗震，该构件纵筋在其支座内的锚固亦按非抗震锚固，同样与为其提供支座的支承构件是否抗震无关。

应注意，平板式筏形基础本身支承上部结构的全部构件，基础平板 BPB 中配置的所有 X 向与 Y 向钢筋，只存在连接 ，不存在锚固。

当具体工程存在特殊情况时，设计者可对本通用图集的规则和构造做相应变更。

第 3.5.2 条 本章未包括的表示方法与构造做法，应由设计者根据具体工程情况和规范要求进行设计、绘制。

第 3.5.3 条 本节规定的表达方式示意，见图 3.5.1 柱下板带 ZXB 与跨中板带 KZB 标注图示，图 3.5.2 平板式筏形基础平板 BPB 标注图示。

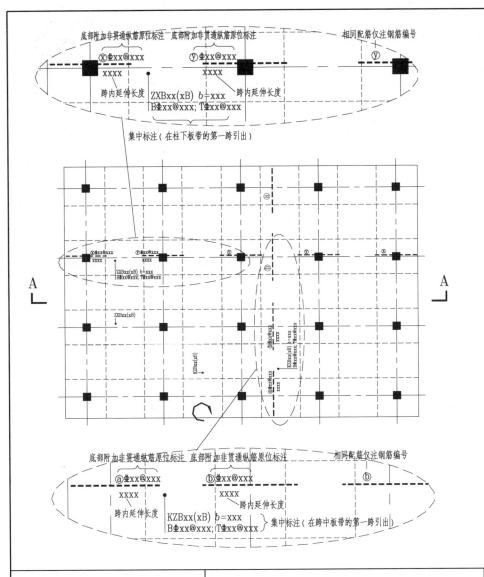

柱下板带ZXB与跨中板带KZB标注说明

集中标注说明：（集中标注应在第一跨引出）

注 写 形 式	表 达 内 容	附 加 说 明
ZXBxx(xB)或 KZBxx(xB)	柱下板带或跨中板带编号，具体包括： 代号、序号、（跨数及外伸状况）	(xA)：一端有外伸；(xB)：两端均有外伸；无外 伸则仅注跨数(x)
b=xxxx	板带宽度（在图注中应注明板厚）	板带宽度取值与设置部位应符合规范要求
BΦxx@xxx； TΦxx@xxx	底部贯通纵筋强度等级、直径、间距； 顶部贯通纵筋强度等级、直径、间距	底部纵筋应有1/2至1/3贯通全跨，注意与非 贯通纵筋组合设置的具体要求，详见制图规则

板底部附加非贯通纵筋原位标注说明：

注 写 形 式	表 达 内 容	附 加 说 明
柱下板带： 跨中板带：	底部非贯通纵筋编号、强度等 级、直径、间距；自柱中线分 别向两边跨内的延伸长度值	同一板带中其他相同非贯通纵筋可仅在中粗虚线 上注写编号。向两侧对称延伸时，可只在一侧注 延伸长度值。向外伸部位的延伸长度与方式按标 准构造，设计不注。与贯通纵筋组合设置时的具 体要求详见相应制图规则
修正内容原位注写	某部位与集中标注不同的内容	一经原位注写，原位标注的修正内容取值优先

应在图注中注明的其他内容：
1. 注明板厚。当有不同板厚时，分别注明板厚值及其各自的分布范围。
2. 当在基础平板周边侧面设置纵向构造钢筋时，应在图注中注明。
3. 应注明基础平板边缘的封边方式与配筋。
4. 当基础平板外伸变截面高度时，注明外伸部位的h_1/h_2，h_1为板根部截面高度，h_2为板尽端截面高度。
5. 当某区域板底有标高高差时，应注明其高差值与分布范围。
6. 当基础平板厚度>2m时，应注明设置在基础平板中部的水平构造钢筋网。
7. 当板中设置拉筋时，注明拉筋的配置及设置方式（双向或梅花双向）。
8. 当在基础平板外伸阳角部位设置放射筋时，注明放射筋的配置及设置方式。
9. 注明混凝土垫层厚度与强度等级。
10. 当基础平板同一层面的纵筋相交叉时，应注明何向纵筋在下，何向纵筋在上。

注：相同的柱下或跨中板带只标注一条，其他仅注编号。有关标注的其他规定详见制图规则。

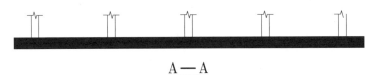

A—A

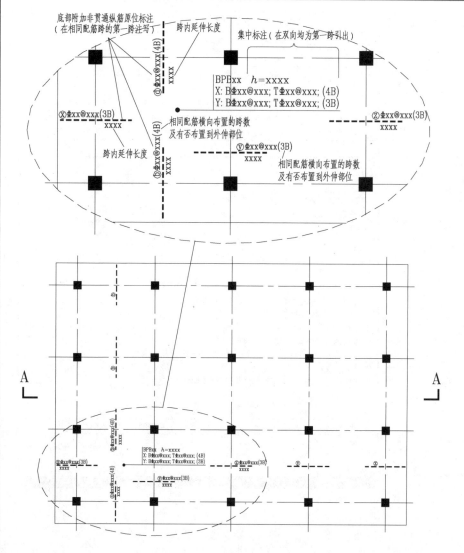

底部附加非贯通纵筋原位标注
（在相同配筋跨的第一跨注写）

跨内延伸长度

集中标注（在双向均为第一跨引出）

BPBxx h=xxxx
X: BΦxx@xxx; TΦxx@xxx; (4B)
Y: BΦxx@xxx; TΦxx@xxx; (3B)

相同配筋横向布置的跨数
及有否布置到外伸部位

跨内延伸长度

相同配筋横向布置的跨数
及有否布置到外伸部位

A

A

BPBxx h=xxxx
X: BΦxx@xxx; TΦxx@xxx; (4B)
Y: BΦxx@xxx; TΦxx@xxx; (3B)

平板式筏形基础基础平板BPB标注说明

集中标注说明：（集中标注应在双向均为第一跨引出）

注 写 形 式	表 达 内 容	附 加 说 明
BPBxx	基础平板编号，包括代号和序号	为平板式基础的基础平板
h=xxxx	基础平板厚度	
X: BΦxx@xxx; TΦxx@xxx; (x、xA、xB) Y: BΦxx@xxx; TΦxx@xxx; (x、xA、xB)	X向底部与顶部贯通纵筋强度等级、直径、间距，（总长度：跨数及有无伸） Y向底部与顶部贯通纵筋强度等级、直径、间距，（总长度：跨数及有无伸）	底部纵筋应有1/2至1/3贯通全跨，注意与非贯通纵筋组合设置的具体要求，详见制图规则。顶部纵筋应全跨贯通。用"B"引导底部贯通纵筋，用"T"引导顶部贯通纵筋。(xA)：一端均有外伸；(xB)：两端均有外伸；无外伸则仅注跨数(x)。图面从左至右为X向，从下至上为Y向。

板底部附加非贯通筋的原位标注说明：（原位标注应在基础梁下相同配筋跨的第一跨下注写）

注 写 形 式	表 达 内 容	附 加 说 明
XΦxx@xxx(x、xA、xB) —————— xxxx ——柱中线	底部附加非贯通纵筋编号、强度等级、直径、间距，（相同配筋横向布置的跨数及有否布置到外伸部位）；自梁中心线分别向两边跨内的延伸长度值	当向两侧对称延伸时，可只在一侧注延伸长度值，外伸部位一侧的延伸长度与方式按标准构造，设计不注。相同非贯通纵筋可只注写一处，其他仅在中粗虚线上注写编号。与贯通纵筋组合设置时的具体要求详见相应制图规则
修正内容原位注写	某部位与集中标注不同的内容	一经原位注写，原位标注的修正内容取值优先

应在图注中注明的其他内容：
1. 当在基础平板周边侧面设置纵向构造钢筋时，应在图注中注明。
2. 应注明基础平板边缘的封边方式与配筋。
3. 当基础平板外伸变截面高度时，注明外伸部位的h_1/h_2，h_1为板根部截面高度，h_2为板尽端截面高度。
4. 当某区域板底有标高高差时，应注明其高差值与分布范围。
5. 当基础平板厚度>2m时，应注明设置在基础平板中部的水平构造钢筋网。
6. 当在板中设置拉筋时，注明拉筋的配置及设置方式（双向或梅花双向）。
7. 当在基础平板外伸阳角部位设置放射筋时，注明放射筋的配置及设置方式。
8. 注明混凝土垫层厚度与强度等级。
9. 当基础平板同一层面的纵筋相交叉时，应注明何向纵筋在下，何向纵筋在上。

注：有关标注的其他规定详见制图规则。

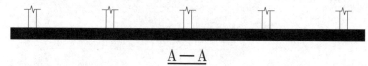

A—A

第4章 筏形基础相关构造平法制图规则

第1节 筏形基础相关构造类型与表示方法

第4.1.1条 梁板式与平板式筏形基础相关构造的平法施工图设计,系在基础平面布置图上采用直接引注方式表达。

第4.1.2条 筏形基础相关构造类型与编号,按表4.1.2的规定。

筏形基础相关构造类型与编号　　表4.1.2

构件类型	代号	序号	说　　明
上 柱 墩	SZD	xx	平板式筏形基础可设置
下 柱 墩	XZD	xx	各类筏形基础均可设置
外包式柱脚	WZJ	xx	各类筏形基础均可设置
埋入式柱脚	MZJ	xx	各类筏形基础均可设置
基　　坑	JK	xx	各类筏形基础均可设置
深 基 坑	SJK	xx	各类筏形基础均可设置
后 浇 带	HJD	xx	各类筏形基础均可设置

注：1. 上柱墩在混凝土柱的柱根部位,下柱墩在混凝土柱或钢柱的柱根投影部位,均根据筏形基础受力与构造需要而设置。

2. 外包式与埋入式柱脚为钢柱在筏形基础中的两种锚固构造方式。

3. 基坑JK的深度小于基础平板厚度,即基坑底标高高于基础平板板底标高;深基坑SJK的深度大于基础平板厚度在构造上与JK不同。

第2节 相关构造的直接引注

第4.2.1条 上柱墩SZD,系根据平板式筏形基础受剪或受冲切承载力的需要,在板顶面以上混凝土柱的根部设置的柱墩。上柱墩直接引注的内容如下:

1. 注写编号,见表4.1.2。

2. 注写几何尺寸,表达形式为"$h_d \backslash c_1 \backslash c_2$"。其中,$h_d$为柱墩向上凸出基础平板高度,$c_1$为柱墩底部出柱边缘宽度,$c_2$为柱墩顶部出柱边缘宽度;当为等截面柱墩,即$c_1 = c_2$时,$c_2$不注,表达形式为"$h_d \backslash c_1$"。无论SZD所包框架柱截面形状为矩形、圆形或多边形,c_1与c_2分别围绕或环绕柱截面等宽。

3. 注写配筋。按"竖向($c_1 = c_2$)或斜竖向($c_1 \neq c_2$)纵筋 \ 水平箍筋"的顺序注写(当分两行注写时,可不用反斜线"\")。纵筋注写总根数、强度等级与直径,箍筋注写强度等级、直径、间距与肢数(X向排列肢数m×Y向排列肢数n)"具体如下:

(1) 当上柱墩为圆形截面时(包括等截面圆柱状与不等截面圆台状),表达形式为"xxΦxx \ LΦxx@xxx"。所注纵筋总根数环柱截面均匀分布,并采用螺旋箍筋(L打头)。

(2) 当上柱墩为矩形截面时（包括等截面棱柱状与不等截面棱台状），表达形式为"xx⾦xx \ ⾦xx@xxx"。所注纵筋总根数环正方形柱截面均匀分布，环非正方形柱截面相对均匀分布（均匀排列后距离角点较近的钢筋移至角点）。

例1 SZD3，600\350\50，14⾦16 \⾦10@100(4×4)，表示 3 号棱台状上柱墩；凸出基础平板顶面高度为 600，底部出柱边缘宽度为 350，顶部出柱边缘宽度为 50；共配置 14 根⾦16 斜向纵筋；箍筋直径 10 间距 100，X 向与 Y 向各为 4 肢。

例2 SZD1，600\350\50，16⾦16 \ L⾦10@100，表示 1 号圆台状上柱墩；凸出基础平板面高度为 600，底部出柱边缘宽度为 350，顶部出柱边缘宽度为 50；共配置 16 根⾦16 斜向纵筋，螺旋箍筋配置⾦10@100。

当为非抗震设计，且采用素混凝土上柱墩时，则不注配筋。

第 4.2.2 条 下柱墩 XZD，系根据平板式筏形基础的受剪或受冲切承载力需要，或根据梁板式、平板式筏形基础埋入式钢柱柱脚的受力与构造需要，在柱的所在位置、基础平板底面以下设置的柱墩。下柱墩直接引注的内容如下：

1. 注写编号，见表 4.1.2。

2. 注写几何尺寸，表达形式为"$h_d \setminus c_1 \setminus c_2$"。其中，$h_d$ 为柱墩向下凸出基础平板的深度，c_1 为柱墩顶部出柱投影宽度，\$c_2$ 为柱墩底部出柱投影宽度；当为等截面柱墩 $c_1 = c_2$ 时，c_2 不注，表达形式为"$h_d \setminus c_1$"。

3. 注写配筋。

(1) 当下柱墩的水平截面为等截面（倒棱柱）时，表达形式为"X⾦xx@xxx \ Y⾦xx@xxx \⾦xx@xxx"。其中，以 X 打头者为 X 方向底部纵筋，以 Y 打头者为 Y 方向底部纵筋（图面从左至右为 X 向，从下至上为 Y 向），最后标注一项为水平箍筋。

(2) 当下柱墩的水平截面为不等截面（倒棱台）时，表达形式为"X⾦xx@xxx \ Y⾦xx@xxx"。其斜侧面由两向纵筋交叉覆盖，不必配置水平箍筋。

第 4.2.3 条 外包式柱脚 WZJ，用于钢结构柱在混凝土筏形基础上的锚固构造。外包式柱脚直接引注的内容如下：

1. 注写编号，见表 4.1.2。

2. 注写几何尺寸，表达形式为"$h_j \setminus c_1$"。其中，h_j 为柱脚向上凸出基础梁或基础平板顶面高度，c_1 为柱脚出钢柱外轮廓线宽度"；无论钢柱的截面形状如何，c_1 环绕钢柱矩形或圆形截面（或异形截面的外接矩形）等宽。

3. 注写配筋。

(1) 当柱脚水平截面为矩形时，表达形式为"xx ⾦xx \⾦xx@xxx"；注写顺序为：竖向纵筋总根数、强度等级与直径 \ 箍筋强度等级、直径与间距。

(2) 当柱脚水平截面为圆型时，采用螺旋箍筋，表达形式为"xx

$\oplus$xx\L$\oplus$xx@xxx";注写顺序为:竖向纵筋 \ 箍筋。当配置双层竖向纵筋时,用"+"号连接两层(外层+内层)竖向纵筋的配筋值,内、外层箍筋取同样配置,表达形式为"xx$\oplus$xx+xx$\oplus$xx \ $\oplus$xx@xxx"或"xx$\oplus$xx+xx$\oplus$xx \ L$\oplus$xx@xxx"。

第 4.2.4 条 埋入式柱脚 MZJ,用于钢结构柱在混凝土筏形基础中的锚固构造。埋入式柱脚直接引注的内容如下:

1. 注写编号,见表 4.1.2。

2. 注写几何尺寸,表达形式为"h_j \ c_1"。其中,h_j 为柱脚向下凸出基础梁或基础平板的高度,c_1 为柱脚暗柱出钢柱外轮廓线宽度;无论钢柱是何种截面形状,c_1 环绕钢柱截面外接矩形或圆形等宽。

当基础平板厚度 h 能够满足埋入式柱脚 MZJ 的受力需求和规范规定的埋入深度要求,不需向下凸出基础平板底面时,则"$h_j = 0$",表达形式为"$0 \ c_1$"。

3. 注写配筋。

(1) 当为矩形时,表达形式为"xx$\oplus$xx \ $\oplus$xx@xxx"。注写顺序为:竖向纵筋总根数、强度等级与直径 \ 箍筋强度等级、直径与间距。

(2) 当为圆型柱脚时,采用螺旋箍筋,表达形式为 "xx$\oplus$xx \ L$\oplus$xx@xx/xxx"。

设计时应注意:当基础平板厚度 h 不满足埋入式柱脚 MZJ 的受力需求或不满足规范规定的埋入深度要求时,埋入式柱脚 MZJ 应与下柱墩 XZD 同时设置。

第 4.2.5 条 基坑 JK 直接引注的内容如下:

1. 注写编号,见表 4.1.2。

2. 注写几何尺寸,表达形式为"$h_k / x \times y$"。其中,h_k 为基坑深度,$x \times y$ 为基坑平面尺寸(x 为 X 向基坑宽度,y 为 Y 向基坑宽度;图面从左至右为 X 向,从下至上为 Y 向)。

当为圆形基坑时,表达形式为"$h_k / D = $xxx"。其中,$h_k$ 为基坑深度,$D = $xxx 为基坑直径;考虑到施工方便,当条件许可时,圆形基坑可设计为圆外接矩形,然后将坑内壁找圆。

在平面布置图上应标注基坑的平面定位尺寸。

第 4.2.6 条 深基坑 SJK 直接引注的内容如下:

1. 注写编号:SJKxx,见表 4.1.2。

2. 注写几何尺寸,分两行注写:

(1) 第一行注写基坑深度 h_{sk} 和基坑底板厚度 h_{db},表达形式为"h_{sk} / h_{db}"。

(2) 第二行注写深基坑平面尺寸 $x \times y$ 和坑壁厚度 t_{sw},表达形式为"$x \times y$;t_{sw}"(x 为 X 向基坑宽度,y 为 Y 向基坑宽度;图面从左至右为 X 向,从下至上为 Y 向)。

3. 注写配筋，分项注写：

（1）第一项注写深基坑底板的板底与板面双层双向配筋，表达形式为 X⚌xx@xxx；Y⚌xx@xxx，该项可合行或分行注写。

注 深基坑通常面积较小，其底板的刚度较大，故板底与板面可采用相同配筋。当具体工程需采用不同配筋时设计者可另行变更。

例1 X⚌22@150； Y⚌20@200

表示深基坑底板 X 向配置⚌22间距 150 纵筋，Y 向配置⚌20间距 200 纵筋，板底与板面配筋相同。

（2）第二项注写深基坑侧壁配筋，表达形式为 "V⚌xx@xxx，H⚌xx@xxx；Pcd⚌x@xxx"。其中，以 V 打头的为竖向钢筋（Vertical），以 H 打头的为水平钢筋（Horizontal），均为双层；分号后以 Tcd 打头的为双向拉筋（Tension cross distribution），该项可合行或分行注写。

深基坑侧壁两面钢筋配置相同，但内壁与外壁竖向钢筋长度通常不相同，内壁与外壁水平钢筋的根数通常也不相同。

当为梁板式筏形基础时，深基坑一面或多于一面坑壁的上部可能为基础主梁或基础次梁的侧面，此时设基坑的标注形式不变，其钢筋则与基础梁的通向钢筋进行足强度非接触搭接连接。

在平面布置图上应标注深基坑的平面定位尺寸。

第 4.2.6 条 后浇带 HJD

后浇带的平面形状及定位绘制在筏型基础平面布置图上，配筋

等内容直接引注，如下：

1. 注写编号，见表 4.1.2。

2. 注写后浇带宽度。

3. 注写"后浇带留筋方式 / 后浇带混凝土强度等级"。

后浇带留筋方式有三种，分别为：贯通留筋，100%搭接留筋和 50%搭接留筋。

后浇带混凝土强度等级通常高于筏形基础主体的混凝土强度等级，且应采用不收缩混凝土或微膨胀混凝土。应在结构设计总说明中注明配置方法。

第 3 节 其 他

第 4.3.1 条 本章未包括的筏形基础相关构造的表示方法与构造做法，应由设计者根据具体工程情况和规范要求进行设计、绘制。

筏形基础各类相关构造直接引注分项规定的组合表达方式，见相应通用构造详图。

第5章 筏形基础综合构造规定

混凝土结构的环境类别 表5-1

环境类别	条　件
一	室内干燥环境； 无侵蚀性静水浸没环境
二 a	室内潮湿环境； 非严寒和非寒冷地区的露天环境； 非严寒和非寒冷地区与无侵蚀性的水或土壤直接接触的环境； 严寒和寒冷地区的冰冻线以下与无侵蚀性的水或土壤直接接触的环境
二 b	干湿交替环境； 水位频繁变动环境； 严寒和寒冷地区的露天环境； 严寒和寒冷地区冰冻线以上与无侵蚀性的水或土壤直接接触的环境
三 a	严寒和寒冷地区冬季水位变动区环境； 受除冰盐影响环境； 海风环境
三 b	盐渍土环境； 受除冰盐作用环境； 海岸环境
四	海水环境
五	受人为或自然的侵蚀性物质影响的环境

注：1 室内潮湿环境是指构件表面经常处于结露或湿润状态的环境；

2 严寒和寒冷地区的划分应符合现行国家标准《民用建筑热工设计规范》GB 50176 的有关规定；

3 海岸环境和海风环境宜根据当地情况，考虑主导风向及结构所处迎风、背风部位等因素的影响，由调查研究和工程经验确定；

4 受除冰盐影响环境是指受到除冰盐盐雾影响的环境；受除冰盐作用环境是指被除冰盐溶液溅射的环境以及使用除冰盐地区的洗车房、停车楼等建筑；

5 暴露的环境是指混凝土表面所处的环境。

混凝土保护层的最小厚度（mm） 表5-2

环境类别	筏形基础主梁与次梁 （最小厚度与梁或柱相同）	筏形基础平板 （最小厚度与墙或板相同）
一	20	—
二 a	25	20
二 b	35	25
三 a	40	30
三 b	50	40

注：1 本表为设计使用年限为50年的混凝土结构最外层钢筋的保护层厚度，且不应小于钢筋的公称直径 d。

2 设计使用年限为100年的混凝土结构最外层钢筋保护层厚度，一类环境中不应小于表中数值的1.4倍；二、三类环境中应采取专门措施。

3 当混凝土强度等级不大于C25时，表中数值均相应增加5mm。

4 钢筋混凝土基础宜设置混凝土垫层，基础中钢筋的混凝土保护层厚度应从垫层顶面算起，且不应小于40mm。

5 地下室外墙有可靠防水做法时，保护层厚度可适当减小为≥25mm。

基本锚固长度 l_{ab} 计算公式

表5-3

普通钢筋:	式中
$$l_{ab} = a\frac{f_y}{f_t}d$$ 预应力钢筋: $$l_{ab} = a\frac{f_{py}}{f_t}d$$	l_{ab}——受拉钢筋基本锚固长度; f_y、f_{py}——普通钢筋、预应力钢筋的抗拉强度设计值; f_t——混凝土轴心抗拉强度设计值,当混凝土强度等级高于C60时,按C60取值; a——锚固钢筋的外形系数; d——锚固钢筋的直径。

受拉钢筋锚固长度 l_a 计算公式

表5-4

计算公式	锚固长度修正	
	锚固条件	ζ_a
$$l_a = \zeta_a l_{ab}$$ 式中 ζ_a ——锚固长度修正系数,对普通钢筋的修正条件多于一项时,可连乘计算,但不应小于 0.6。	带肋钢筋公称直径大于 25mm	1.10
	环氧树脂涂层带肋钢筋	1.25
	施工过程中易受扰动的钢筋	1.10
	锚固钢筋的保护层厚度为 $3d$	0.8
	锚固钢筋保护层厚度为 $5d^1$	0.7
	受拉钢筋末端采用弯钩锚固(包括弯钩在内投影长度)	0.6
	受拉钢筋末端采用机械锚固(包括机械锚固端头在内投影长度)	0.6
	不具备以上条件的无需修正情况	1.0

1 当混凝土保护层厚度超过 $5d$ 时,锚固长度修正系数亦按 $5d$ 时的 0.7 取值。

注:1 当梁柱节点纵向受拉钢筋采用直线锚固方式时,按 l_a 取值;当采用弯钩锚固方式时,以 l_{ab} 为基数按规定比例取值;l_a 不应小于 200mm。

2 锚固钢筋的保护层厚度介于 $3d$ 与 $5d$ 之间时(d 为锚固钢筋直径),按内插取值。

3 当锚固钢筋的保护层厚度不大于 $5d$ 时,锚固长度范围内应配置横向构造钢筋,其直径不应小于 $d/4$,对梁、柱、斜撑等构件间距不应大于 $5d$,对板、墙等平面构件间距不应大于 $10d$,且均不应大于 100mm。

4 混凝土结构中的纵向受压钢筋,当计算中充分利用其抗压强度时,锚固长度不应小于相应受拉锚固长度的 70%。

5 当锚固钢筋为 HPB300 强度等级时,钢筋末端应做 180° 弯钩,弯钩平直段长度不应小于 $3d$,但做受压钢筋锚固时可不做弯钩。

表5-5 至表5-8 为计算基本锚固长度 l_{ab} 与受拉钢筋锚固长度 l_a 所需参数值。

普通钢筋强度设计值（N/mm²）

表5-5

牌　　号	抗拉强度设计值 f_y	抗压强度设计值 f_y'
HPB300	270	270
HRB335 HRBF335	300	300
HRB400 HRBF400 RRB400	360	360
HRB500 HRBF500	435	410

注:横向钢筋的抗拉强度设计值 f_{yv} 应按表中 f_y 的数值采用;当用作受剪、受扭、受冲切承载力计算时,其数值大于 360N/mm² 时应取 360N/mm²。

混凝土轴心抗压强度设计值（N/mm²）　表5-6

强度	混凝土强度等级													
	C15	C20	C25	C30	C35	C40	C45	C50	C55	C60	C65	C70	C75	C80
f_c	7.2	9.6	11.9	14.3	16.7	19.1	21.1	23.1	25.3	27.5	29.7	31.8	33.8	35.9

混凝土轴心抗拉强度设计值（N/mm²）　表5-7

强度	混凝土强度等级													
	C15	C20	C25	C30	C35	C40	C45	C50	C55	C60	C65	C70	C75	C80
f_t	0.91	1.10	1.27	1.43	1.57	1.71	1.80	1.89	1.96	2.04	2.09	2.14	2.18	2.22

锚固钢筋的外形系数 a　表5-8

钢筋类型	光圆钢筋	带肋钢筋	螺旋肋钢丝	三股钢绞线	七股钢绞线
外形系数a	0.16	0.14	0.13	0.16	0.17

注：光圆钢筋末端应作180°弯钩，弯后平直段长度不应小于3d，但做受压钢筋时不做弯钩。

受拉钢筋抗震锚固长度 l_{aE} 和抗震锚固长度基数 l_{abE} 计算公式　表5-9

计算公式	抗震锚固长度修正	
	抗震等级	ζ_{aE}
$l_{aE} = \zeta_{aE} l_a$、　　$l_{abE} = \zeta_{aE} l_{ab}$ 式中，ζ_{aE}——抗震锚固长度修正系数	一、二级抗震等级	1.15
	三级抗震等级	1.05
	四级抗震等级	1.00

注：当抗震梁柱节点纵向受拉钢筋采用直线锚固方式时，按 l_{aE} 取值；当采

用弯钩锚固方式时，以 l_{abE} 为基数按规定比例取值。

受拉钢筋非抗震搭接长度 l_l 和抗震搭接长度 l_{lE} 计算公式　表5-10

搭接长度计算公式	搭接长度修正	
	搭接接头面积百分率	ζ_l
$l_l = \zeta_l l_a$、　　$l_{lE} = \zeta_l l_{aE}$ 式中，ζ_l——纵向受拉钢筋搭接长度修正系数	≤25%	1.2
	50%	1.4
	100%	1.6

注：1 当直径不同的钢筋搭接时，搭接长度按较小直径计算，且任何情况下 l_l 不应小于300mm；

2 在梁、柱类构件的纵向受力钢筋搭接长度范围内的横向构造钢筋要求同表3-8注3的要求；当受压钢筋直径大于25mm时，尚应在搭接接头两个端面外100mm范围内各设置两道箍筋。

应注意，理论上不存在抗震设计受拉钢筋基本锚固长度定义，l_{abE} 为抗震锚固长度基数。各类锚固参数的生成路径为：

$$l_{ab} \longrightarrow l_a \longrightarrow l_{aE}$$
$$\downarrow$$
$$l_{abE}$$

l_{ab} 是各项锚固长度的基本参数。锚固长度修正系数 ζ_a 与 l_{ab} 相乘生成 l_a，抗震锚固长度修正系数 ζ_{aE} 与 l_a 相乘生成 l_{aE}；而 ζ_{aE} 与 l_{ab} 相乘生成 l_{abE}，即 l_{aE} 与 l_{abE} 不存在直接生成关系。抗震锚固长度 l_{aE} 为 l_a 乘以扩大系数的经验数值，而 l_{abE} 为抗震锚固长度基数。

受拉钢筋基本锚固长度 l_{ab}、锚固长度无修正的受拉钢筋锚固长度 l_a（即 $\zeta_a=1.0$）　　表 5-11

钢筋种类	混凝土强度等级								
	C20	C25	C30	C35	C40	C45	C50	C55	≥C60
HPB300	39d	34d	30d	28d	25d	24d	23d	22d	21d
HRB335、HRBF335	38d	33d	29d	27d	25d	23d	22d	21d	21d
HRB400、HRBF400、RRB400	—	40d	35d	32d	29d	28d	27d	26d	25d
HRB500、HRBF500	—	48d	43d	39d	36d	34d	32d	31d	30d

受拉钢筋梁柱节点抗震弯折锚固长度基数 l_{abE}、锚固长度无修正的受拉钢筋抗震锚固长度 l_{aE}（即 $\zeta_{aE}=1.0$）　　表 5-12

钢筋种类	抗震等级	混凝土强度等级								
		C20	C25	C30	C35	C40	C45	C50	C55	≥C60
HPB300	一、二级	45d	39d	35d	32d	29d	28d	26d	25d	24d
	三级	41d	36d	32d	29d	26d	25d	24d	23d	22d
	四级	39d	34d	30d	28d	25d	24d	23d	22d	21d
HRB335 HRBF335	一、二级	44d	38d	33d	31d	29d	26d	25d	24d	24d
	三级	40d	35d	31d	28d	26d	24d	23d	22d	22d
	四级	38d	33d	29d	27d	25d	23d	22d	21d	21d
HRB400 HRBF400 RRB400	一、二级	—	46d	40d	37d	33d	32d	31d	30d	29d
	三级	—	42d	37d	34d	30d	29d	28d	27d	26d
	四级	—	40d	35d	32d	29d	28d	27d	26d	25d
HRB500 HRBF500	一、二级	—	55d	49d	45d	41d	39d	37d	36d	35d
	三级	—	50d	45d	41d	38d	36d	34d	33d	32d
	四级	—	48d	43d	39d	36d	34d	32d	31d	30d

第 5 章 筏形基础综合构造规定

受拉钢筋基本锚固长度 l_{ab}、锚固长度无修正的受拉钢筋锚固长度 l_a（即 $\zeta_a=1.0$）；受拉钢筋梁柱节点抗震弯折锚固长度基数 l_{abE}、锚固长度无修正的受拉钢筋抗震锚固长度 l_{aE}（即 $\zeta_{aE}=1.0$）

图集号：C101-3（2018）

钢筋机械锚固形式和技术要求　　表 5-13

锚固形式	技术要求
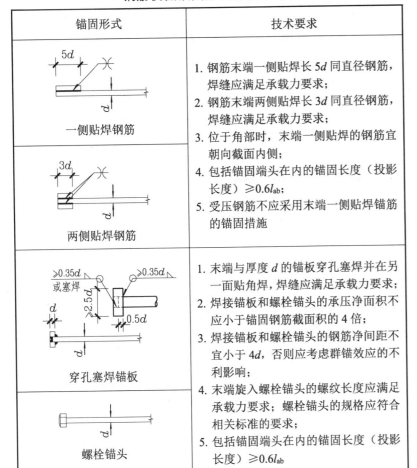 一侧贴焊钢筋 两侧贴焊钢筋	1. 钢筋末端一侧贴焊长 $5d$ 同直径钢筋，焊缝应满足承载力要求； 2. 钢筋末端两侧贴焊长 $3d$ 同直径钢筋，焊缝应满足承载力要求； 3. 位于角部时，末端一侧贴焊的钢筋宜朝向截面内侧； 4. 包括锚固端头在内的锚固长度（投影长度）$\geqslant 0.6l_{ab}$； 5. 受压钢筋不应采用末端一侧贴焊锚筋的锚固措施
穿孔塞焊锚板 螺栓锚头	1. 末端与厚度 d 的锚板穿孔塞焊并在另一面贴角焊，焊缝应满足承载力要求； 2. 焊接锚板和螺栓锚头的承压净面积不应小于锚固钢筋截面积的 4 倍； 3. 焊接锚板和螺栓锚头的钢筋净间距不宜小于 $4d$，否则应考虑群锚效应的不利影响； 4. 末端旋入螺栓锚头的螺纹长度应满足承载力要求；螺栓锚头的规格应符合相关标准的要求； 5. 包括锚固端头在内的锚固长度（投影长度）$\geqslant 0.6l_{ab}$

钢筋弯钩锚固形式和技术要求　　表 5-14

锚固形式	技术要求
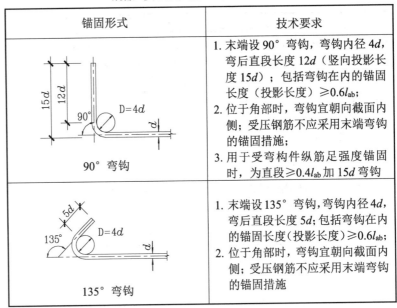 90°弯钩	1. 末端设 90°弯钩，弯钩内径 $4d$，弯后直段长度 $12d$（竖向投影长度 $15d$）；包括弯钩在内的锚固长度（投影长度）$\geqslant 0.6l_{ab}$； 2. 位于角部时，弯钩宜朝向截面内侧；受压钢筋不应采用末端弯钩的锚固措施； 3. 用于受弯构件纵筋足强度锚固时，为直段 $\geqslant 0.4l_{ab}$ 加 $15d$ 弯钩
135°弯钩	1. 末端设 135°弯钩，弯钩内径 $4d$，弯后直段长度 $5d$；包括弯钩在内的锚固长度（投影长度）$\geqslant 0.6l_{ab}$； 2. 位于角部时，弯钩宜朝向截面内侧；受压钢筋不应采用末端弯钩的锚固措施

钢筋采用机械锚固或弯钩锚固形式时应注意：

1. 机械锚固的投影长度，为表 5-13 锚固形式图示中包括锚固端头在内的平行（水平）投影长度。

2. 钢筋直角弯钩锚固投影长度，为表 5-14 图示中弯钩直段与弯曲段弯弧在内的两段平行投影长度之和；当受弯构件纵筋足强度锚固时，为直锚段 $\geqslant 0.4l_{ab}$ 加 $15d$ 弯钩投影长度。135°弯钩锚固则为直锚与弯钩的轴线展开长度。

3. 有图集规定框架梁纵向受拉钢筋采用机械锚固时，包括锚固端头在内的锚固投影长度 $\geqslant 0.4l_{ab}$，与表 5-13 中 $\geqslant 0.6l_{ab}$ 的相应规定有矛盾，应慎重采用。

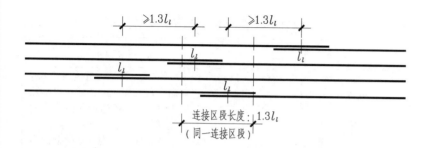

图 5-1 同一连接区段纵向受拉钢筋绑扎搭接接头

图 5-2 同一连接区段纵向受拉钢筋机械连接、焊接接头

注：1. 凡绑扎搭接接头中点位于 $1.3l_l$ 连接区段长度内的绑扎搭接接头均属同一连接区段；凡机械连接或焊接连接点位于连接区段长度内的机械连接或焊接接头均属同一连接区段；在同一连接区段内连接的纵向钢筋是同一批连接的钢筋。

2. 在同一连接区段内连接的纵向钢筋，其搭接、机械连接或焊接接头面积百分率为该区段内有搭接、机械连接或焊接接头的纵向受力钢筋截面面积与全部纵向钢筋截面面积的比值（当直径相同时，图示钢筋搭接接头面积百分率为 50%）。当直径不同的钢筋搭接时，按直径较小的钢筋计算。

3. 位于同一连接区段内的受拉钢筋搭接接头面积百分率，对梁类、板类及墙类构件不宜大于 25%，对柱类构件不宜大于 50%。当工程中确有必要增大受拉钢筋搭接接头面积百分率时，对梁类构件不宜大于 50%，对板、墙、柱、及预制构件的拼接处，可根据实际情况放宽。

4. 轴心受拉及小偏心受拉杆件的纵向受力钢筋不得采用绑扎搭接；其他构件中的钢筋采用绑扎搭接时，受拉钢筋直径不宜大于 25mm，受压钢筋直径不宜大于 28mm。

5. 当采用非接触绑扎搭接[1]时，搭接接头钢筋的横向净距不应小于较小钢筋直径，且不应小于 25mm，不应大于 $0.2l_{ab}$。

6. 当钢筋分两批采用非接触搭接即搭接根数为 50% 时，搭接长度 l_l 宜取 $1.2l_a$，以实现科学用钢，减少材料浪费。

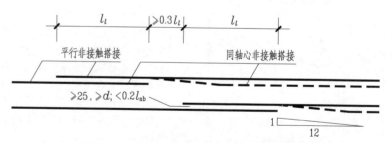

图 5-3 平行或同轴心非接触搭接示意

---

[1] 钢筋绑扎搭接的实质，为两根交错钢筋分别在混凝土中的粘结锚固。非接触搭接接头之间保持合理净距，混凝土对钢筋完全握裹实现高粘结强度，从而有效提高钢筋搭接连接的可靠度。50% 非接触搭接的搭接长度 l_l 取 $1.2l_a$，且搭接位置不受限制，搭接效果比接触搭接时搭接长度 l_l 取 $1.4l_a$ 更好。

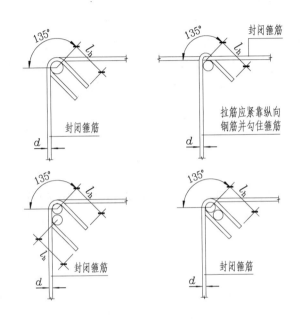

图 5-4 封闭箍筋和拉筋弯钩构造

注：1. 当构件抗震或受扭，或当构件非抗震但柱中全部纵向钢筋配筋率大于
      3%时，箍筋弯钩端头平直段长度 l_h 不应小于 $10d$ 和 75mm 中的较大
      值。
    2. 当构件非抗震时，l_h 不应小于 $5d$（不包括柱中全部纵向钢筋配筋率大
      于 3%的情况）。
    3. 设计如无特殊要求，封闭箍筋弯钩部位可位于构件截面的任意一角，
      且宜避开纵向钢筋的搭接范围。

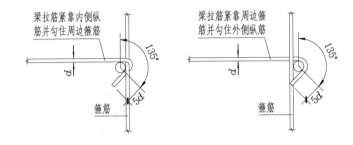

图 5-5 梁拉筋弯钩构造

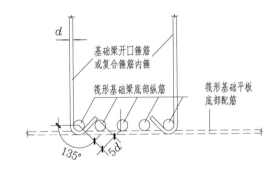

图 5-6 基础梁开口箍筋 SUS 构造

注：1. SUS 为科学用钢的英文 Scientific Use of Steel 的首字母组合。
    2. 当考虑科学用钢且改进钢筋绑扎工艺后，低板位或高板位筏形基础梁
      可采用开口箍筋，箍筋开口朝向基础平板。但基础平板无延伸的梁板
      式筏形基础边梁应采用封闭箍筋（其复合箍筋的内箍可采用开口箍）。
    3. 基础平板有延伸的梁板式筏形基础边梁可每隔 n 道开口箍设置一道封
      闭箍筋，其梁截面中部的复合箍可全部采用开口箍筋。

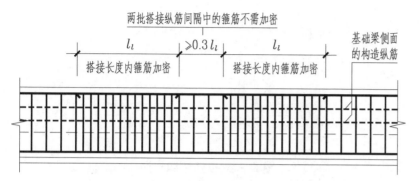

图 5-7 基础梁受力纵筋搭接范围箍筋加密构造

注：1. 钢筋搭接连接的功能为实现两根钢筋的应力传递。但搭接钢筋自身不能直接传递应力，需通过混凝土实现应力传递功能。

2. 优化搭接钢筋应力传递，应使混凝土对钢筋产生较高粘结强度；粘结强度的大小，与钢筋外混凝土保护层的厚度密切相关，保护层越厚粘结强度越高，当钢筋外的混凝土厚度达到 $5d$ 时粘结强度达到峰值。但通常情况钢筋外的混凝土厚度小于 $5d$，此时可采取加密横向钢筋的构造措施，利用横向钢筋的机械阻力提高搭接钢筋的传力功效。

3. 现行规范 GB 50010-2010 第 8.4.6 条规定："在梁、柱类构件的纵向受力钢筋搭接长度范围内的横向构造钢筋应符合本规范第 8.3.1 条的要求"；第 8.3.1 条 3 款规定："当锚固钢筋的保护层厚度不大于 $5d$ 时，锚固长度范围内应配置横向构造钢筋，其直径不应小于 $d/4$；对梁、柱、斜撑等构件间距不应大于 $5d$，对板、墙等平面构件间距不应大于 $10d$，且均不应大于 100mm，此处 d 为锚固钢筋的直径。"

4. 由规范规定可知，梁纵筋搭接范围的箍筋对钢筋起增大粘结强度的横向阻力作用，但配置的箍筋通常仅满足规范规定的直径而不满足间距

要求，故需在每两道正常配置箍筋之间加密一道横向钢筋。该横向钢筋若采用箍筋，其直径满足不小于 $d/4$ 即可，不需要采用复合箍筋。

5. 图 5-7 将框架柱纵筋搭接范围箍筋加密构造移植到梁上，而梁下部和侧面并不存在与梁上部受力纵筋对应的搭接，因此每两道正常箍筋之间加密一道箍筋的下半部或上半部对搭接钢筋不起作用，浪费钢材。

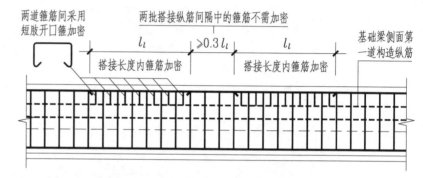

图 5-8 基础梁受力纵筋搭接范围横向钢筋加密 SUS 构造

注：1. 基础梁受力纵筋搭接范围横向钢筋加密 SUS 构造，系在搭接范围正常配置的每两道箍筋之间增设一道直径不小于 $d/4$，与正常配置箍筋组合间距不大于 $5d$ 且不大于 100mm，满足规范关于钢筋搭接范围横向钢筋直径与间距要求的短肢开口箍，此处 d 为搭接纵筋较大直径。

2. SUS[1] 表示"科学用钢"（下同）。当设计、施工、监理等各方对科学用钢原理取得共识，且施工对传统钢筋绑扎工艺作出相应改进后，建议采用 SUS 科学用钢构造，可避免不必要的钢材浪费。

3. 加密增设的短肢开口箍，其弯钩应钩住第一道梁侧面构造纵筋。

---

[1] 科学用钢的英文为 Scientific Use of Steel，SUS 为其首字母组合。

顶部贯通纵筋，在其连接区内搭接、机械连接或对焊连接。同一连接区段内接头面积百分率不应大于50%。

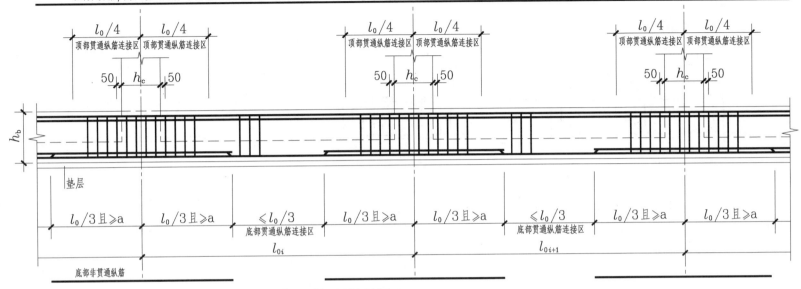

基础主梁JZL纵向钢筋与箍筋构造

底部贯通纵筋，在其连接区内搭接、机械连接或对焊连接。同一连接区段内接头面积百分率不应大于50%。

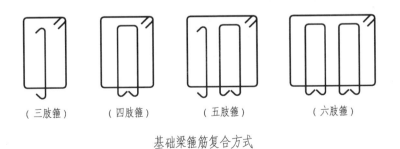

（三肢箍）　（四肢箍）　（五肢箍）　（六肢箍）

基础梁箍筋复合方式

注：1. 跨度值 l_0 为左跨 l_{0i} 和右跨 l_{0i+1} 之较大值，其中 $i=1,2,3\cdots\cdots$ $a=1.2l_a+h_b+0.5h_c$。
2. 底部与顶部贯通纵筋在本图所示连接区内的连接方式，详见本章相应的纵向钢筋连接通用构造。
3. 节点区内箍筋按梁端箍筋设置。同跨箍筋有多种时，各自设置范围按具体设计注写值。当纵筋需要采用搭接连接时，在受拉搭接区域的箍筋间距不应大于搭接钢筋较小直径的5倍，且不应大于100mm。在在受压搭接区域的箍筋间距不应大于搭接钢筋较小直径的10倍，且不应大于200mm。
4. 不同配置的底部贯通纵筋，应在两毗邻跨中配置较小一跨的跨中连接区域连接。（即配置较大一跨的底部贯通纵筋须越过其标注的跨数终点或起点伸至毗邻跨的跨中连接区域。）
5. 当底部纵筋多于两排时，从第三排起非贯通纵筋向跨内的延伸长度值应由设计者注明。
6. 基础主梁相交处位于同一层面的交叉纵筋，何梁纵筋在下，何梁纵筋在上，应按具体设计说明。
7. 梁端部与外伸部位钢筋构造详见另页相关构造。
8. 封闭箍筋弯钩可设在基础梁截面四角的任意一角；复合箍筋内箍开口宜朝向基础平板，弯钩勾住基础梁底部纵筋。

| 图集号：C101-3（2018） | 第6章 梁板式筏形基础平法通用构造 | 基础主梁JZL纵向钢筋与箍筋构造 | 第35页 |

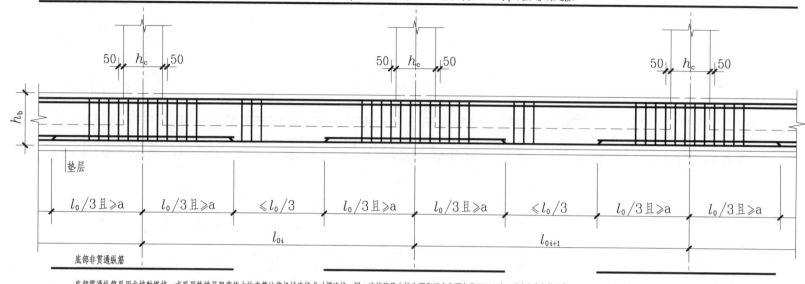

顶部贯通纵筋采用非接触搭接、或采用能够足强度传力的套筒注浆机械连接或对焊连接，同一连接区段内接头面积百分率不大于50%时，可在任意部位连接。

底部贯通纵筋采用非接触搭接、或采用能够足强度传力的套筒注浆机械连接或对焊连接，同一连接区段内接头面积百分率不大于50%时，可在任意部位连接。

垫层

底部非贯通纵筋

基础主梁JZL纵向钢筋与箍筋SUS构造

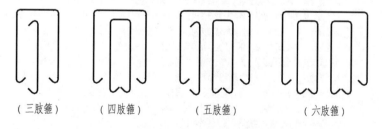

（三肢箍）　　（四肢箍）　　（五肢箍）　　（六肢箍）

基础梁SUS箍筋复合方式

注：1. SUS为Scientific Use of Steel 的首字母缩略词，表示"科学用钢"含义。
2. 当采用改进后的钢筋绑扎工艺、设计与施工等各方对科学用钢原理取得共识后，建议采用SUS构造。
3. 节点区内箍筋按梁端箍筋设置。同跨箍筋有多种时，各自设置范围按具体设计注写值。
   用搭接连接时，在受力纵筋搭接范围箍筋加密SUS构造详见第5章筏形基础综合构造规定。
4. 两毗邻跨的底部贯通纵筋配置不同时，配置较大一跨的底部贯通纵筋应过其标注的跨数终点或起点伸至配置较小的毗邻跨中采用能够足强度传力的连接方式连接。
5. 当底部纵筋多于两排时，从第三排起非贯通纵筋向跨内的延伸长度值应由设计者注明。
6. 基础主梁相交处位于同一层面的交叉纵筋，何梁纵筋在下，何梁纵筋在上，应按具体设计说明。
7. SUS箍筋开口应朝向基础平板，开口箍筋弯钩当为低板位筏形基础时应勾住基础梁底部纵筋，当为高板位筏形基础时应勾住顶部纵筋。应注意，基础平板无延伸时的基础边梁应采用封闭箍筋。
8. 当基础梁顶部或底部采用非接触搭接或能够足强度传力的套筒注浆机械连接或对焊连接，且接头面积百分率不大于50%时，可在任意位置连接。平行或同轴心非接触搭接方式详见第5章相应构造规定。

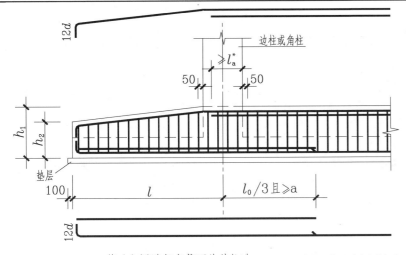

基础主梁端部变截面外伸构造（一）（低板位筏形基础梁底与板底相平）

基础主梁端部等截面外伸构造

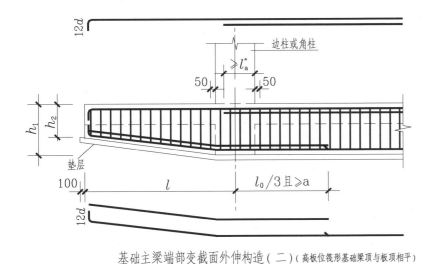

基础主梁端部变截面外伸构造（二）（高板位筏形基础梁顶与板顶相平）

注:
1. 当外伸部位底部纵筋配置多于两排时,从第三排起的延伸长度值应由设计者注明。
2. 跨内纵向钢筋与箍筋构造,外伸部位与节点内箍筋复合方式等详见基础主梁纵向钢筋与箍筋构造。
3. 当采用改进后的钢筋绑扎工艺、设计与施工等各方对科学用钢原理取得共识后,基础主梁端部外伸部位的箍筋可采用 SUS 构造。当为低板位筏形基础时,箍筋开口应朝下;当为高板位筏形基础时,箍筋开口应朝上。
4. 图中基础主梁顶部第二排纵筋的锚长代号所附"*"号,系提示施工方面经确认该纵筋之外的混凝土保护层厚度满足不小于5d时,根据规范规定其锚固长度可取计算锚固长度的70%。
5. 当低板位筏形基础主梁变截面延伸部位的顶面为坡型时,宜增设梁顶模板方便浇筑混凝土时采用机械振捣,确保混凝土的密实度满足质量要求。

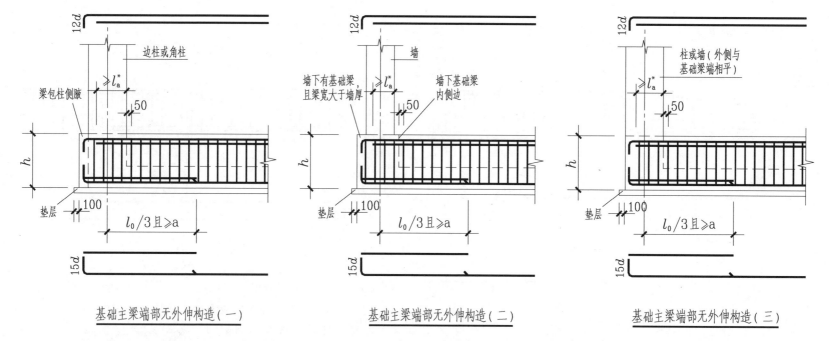

基础主梁端部无外伸构造（一）　　　　　基础主梁端部无外伸构造（二）　　　　　基础主梁端部无外伸构造（三）

注：

1. 跨内纵向钢筋与箍筋构造，外伸部位与节点内箍筋复合方式等详见基础主梁纵向钢筋与箍筋构造。

2. 当两向不等高基础主梁相交时，截面较高基础主梁的箍筋在相交节点内设置，另向基础主梁的箍筋自节点外起始设置。当两向等高基础主梁相交时，基础边梁的箍筋在相交节点内设置，另向中部基础梁端的箍筋自节点外起始设置。当两向等高基础边梁端部相交（此时相交节点位置为主体结构或地下结构的角柱）且两向基础边梁的箍筋配置不同时，箍筋配置较大基础边梁的箍筋在相交节点内设置，另向基础边梁的箍筋自节点外起始设置；若两向等高基础边梁的箍筋配置相同则可任取一向基础边梁的箍筋在相交节点内设置，另向基础边梁的箍筋自节点外起始设置。

3. 图中基础主梁顶部第二排纵筋的锚长代号所附"＊"号，系提示施工方面经确认该纵筋之外的混凝土保护层厚度满足不小于$5d$时，根据规范规定其锚固长度可取计算锚固长度的70%，此处d为顶部第二排纵筋中的较大直径。

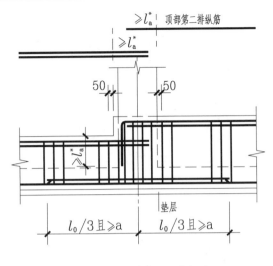

基础主梁梁顶有高差钢筋构造

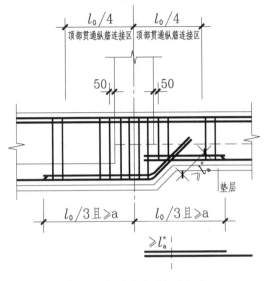

基础主梁梁底、梁顶均有高差钢筋构造

基础主梁梁底有高差钢筋构造

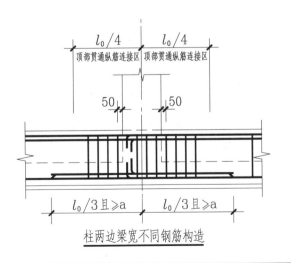

柱两边梁宽不同钢筋构造

宽出部位的纵筋伸至尽端钢筋内侧弯钩$15d$；当直锚段$\geqslant l_a$不设弯钩。

$15d$ $15d$

注：
1. 当基础主梁变标高及变截面形式与本图不同时，其构造应由设计者设计；若要求施工方面参照本图构造方式，应提供相应改动的变更说明。

2. 图中基础主梁顶部第二排纵筋的锚长代号所附"＊"号，系提示施工方面经确认该纵筋之外的混凝土保护层厚度满足不小于$5d$时，根据规范规定其锚固长度可取计算锚固长度的70%。当角筋或外侧筋与中部筋非同时满足时，应对其分别处理。

3. 梁底斜阶可取45度、60度角，亦可做成90度阶状直角。当梁底高差采用直阶时，梁底纵筋在阳角处弯折向上延伸，在阴角处与梁底较高的梁纵筋交叉并分别锚固，构造方式与锚固长度要求与梁顶有高差时的顶部纵筋相同。

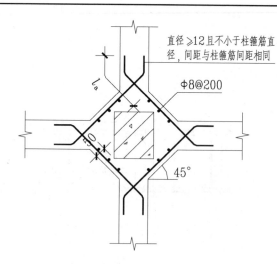

直径≥12且不小于柱箍筋直径，间距与柱箍筋间距相同

Φ8@200

45°

十字交叉基础主梁与柱结合部侧腋构造
（各边侧腋宽出尺寸与配筋均相同）

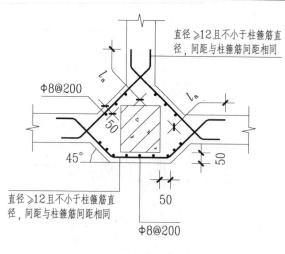

直径≥12且不小于柱箍筋直径，间距与柱箍筋间距相同

Φ8@200

50

45°

50

直径≥12且不小于柱箍筋直径，间距与柱箍筋间距相同

50

Φ8@200

丁字交叉基础主梁与柱结合部侧腋构造
（各边侧腋宽出尺寸与配筋均相同）

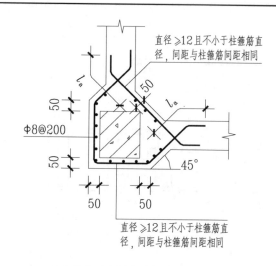

直径≥12且不小于柱箍筋直径，间距与柱箍筋间距相同

50

50

Φ8@200

50

45°

50

50

直径≥12且不小于柱箍筋直径，间距与柱箍筋间距相同

无外伸基础主梁与角柱结合部侧腋构造

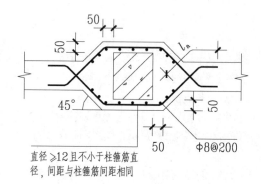

50

50

45°

50

50

直径≥12且不小于柱箍筋直径，间距与柱箍筋间距相同

Φ8@200

基础主梁中心穿柱侧腋构造

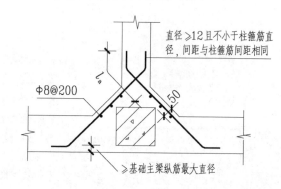

直径≥12且不小于柱箍筋直径，间距与柱箍筋间距相同

Φ8@200

50

≥基础主梁纵筋最大直径

基础主梁偏心穿柱与柱结合部侧腋构造

注：
1. 除基础主梁比柱宽且完全形成梁包柱的情况外，所有基础主梁与柱结合部位均按本图加侧腋。
2. 当基础主梁与柱等宽，或柱与梁的某一侧面相平时，将发生梁纵筋与柱纵筋在同一个平面无法直通交叉，此时应适当调整基础主梁的宽度使纵筋直通，不应将梁纵筋弯折后伸入柱内。
3. 当基础主梁与柱连接方式与本图不同时，其构造应由设计者设计；若要求施工方面参照本图的构造方式，应提供相应改动的变更说明。

| 第40页 | 第6章 梁板式筏形基础平法通用构造 | 基础主梁梁包柱侧腋构造 | 图集号：C101-3（2018） |

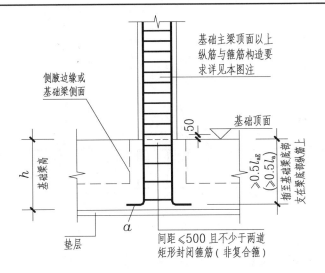

柱插筋构造（一）（低板位筏形基础）

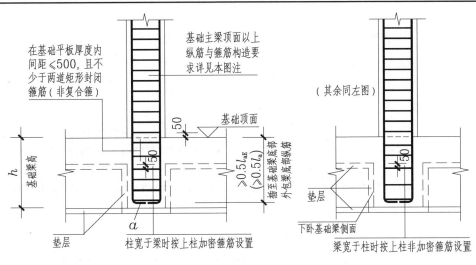

柱插筋构造（二）（高板位筏形基础）

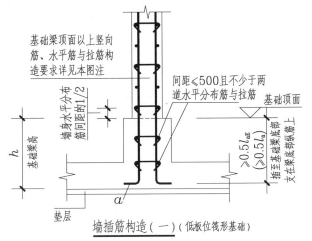

墙插筋构造（一）（低板位筏形基础）

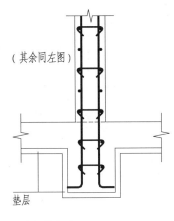

墙插筋构造（二）（高板位筏形基础）

注:
1. 抗震柱、墙与非抗震柱、墙在基础梁顶面以上的纵筋连接构造，以及抗震柱箍筋加密区要求，当设计未注明时可按平法通用设计C101-1关于底层框架柱、墙的相关构造。

2. 当柱、墙插筋考虑科学用钢时，可将柱四角纵筋插至底部并弯钩，或将墙的部分竖向钢筋插至底部（如每间隔n道插至底部一道），其余插筋插入深度满足一个直锚长度即可；且经确认该纵筋之外的混凝土保护层厚度满足不小于5d时，根据规范规定其锚固长度可取计算锚固长度的70%。

3. 柱墙插筋锚固竖直长度与弯钩长度对照见右表。

竖直长度	弯钩长度 a
$\geqslant 0.5 l_{aE}$（$\geqslant 0.5 l_a$）	$12d$且$\geqslant 150$
$\geqslant 0.6 l_{aE}$（$\geqslant 0.6 l_a$）	$10d$且$\geqslant 150$
$\geqslant 0.7 l_{aE}$（$\geqslant 0.7 l_a$）	$8d$且$\geqslant 150$
$\geqslant 0.8 l_{aE}$（$\geqslant 0.8 l_a$）	$6d$且$\geqslant 150$

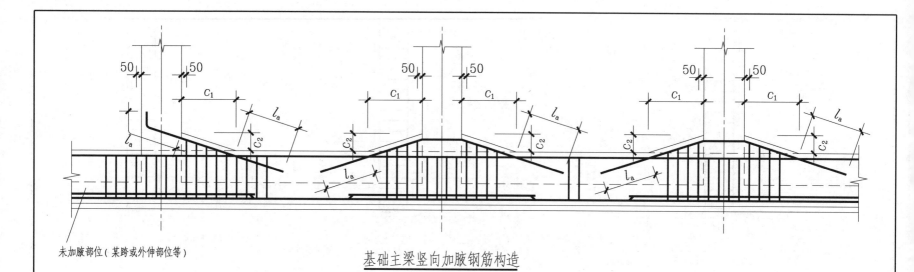

未加腋部位（某跨或外伸部位等）

基础主梁竖向加腋钢筋构造

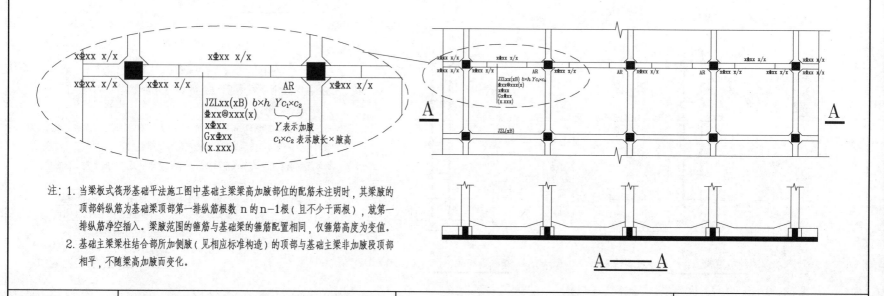

JZLxx(xB) b×h $Yc_1×c_2$
Φxx@xxx(x)
xΦxx
GxΦxx
(x.xxx)

Y 表示加腋
$c_1×c_2$ 表示腋长×腋高

注：1. 当梁板式筏形基础平法施工图中基础主梁梁高加腋部位的配筋未注明时，其梁腋的
　　　顶部斜纵筋为基础梁顶部第一排纵筋根数 n 的 n-1 根（且不少于两根），就第一
　　　排纵筋净空插入。梁腋范围的箍筋与基础梁的箍筋配置相同，仅箍筋高度为变值。
　　2. 基础主梁梁柱结合部所加侧腋（见相应标准构造）的顶部与基础主梁非加腋段顶部
　　　相平，不随梁高加腋而变化。

A——A

| 第 42 页 | 第 6 章 梁板式筏形基础平法通用构造 | 基础主梁竖向加腋构造 | 图集号：C101-3（2018） |

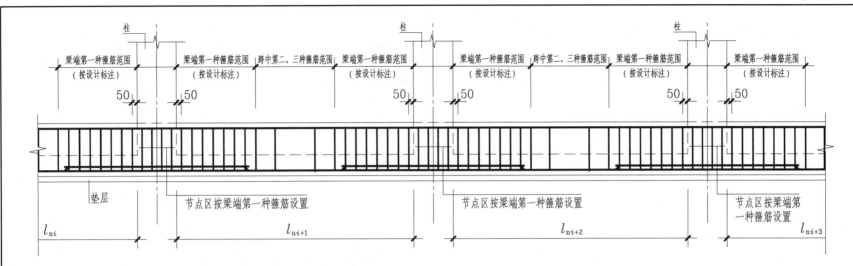

梁端第一种箍筋范围（按设计标注）　梁端第一种箍筋范围（按设计标注）　跨中第二、三种箍筋范围　梁端第一种箍筋范围（按设计标注）　梁端第一种箍筋范围（按设计标注）　跨中第二、三种箍筋范围　梁端第一种箍筋范围（按设计标注）　梁端第一种箍筋范围（按设计标注）

柱

50　50　50　50　50　50

垫层

节点区按梁端第一种箍筋设置　　节点区按梁端第一种箍筋设置　　节点区按梁端第一种箍筋设置

l_{ni}　　l_{ni+1}　　l_{ni+2}　　l_{ni+3}

基础主梁JZL第一种与第二种箍筋设置范围

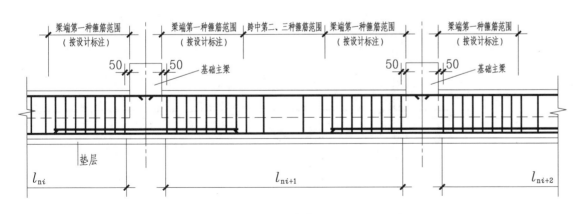

梁端第一种箍筋范围（按设计标注）　梁端第一种箍筋范围（按设计标注）　跨中第二、三种箍筋范围　梁端第一种箍筋范围（按设计标注）　梁端第一种箍筋范围（按设计标注）

50　50　基础主梁　　50　50　基础主梁

垫层

l_{ni}　　l_{ni+1}　　l_{ni+2}

基础次梁JCL第一种与第二种箍筋设置范围

注:
1. 当具体设计采用三种箍筋时，第一种配置最高的箍筋（间距最小或直径最大）按设计注写的总道数设置在跨两端（在基础主梁与柱的节点部位附加设置，但不计入总道数）；其次向跨内按设计注写的总道数设置第二种配置次高的箍筋；最后将第三种箍筋设置在跨中范围。
2. l_{ni}为基础主梁或基础次梁的本跨净跨值。
3. 当具体设计未注明时，基础主梁与基础次梁的外伸部位，以及基础主梁端部节点内按第一种箍筋设置。

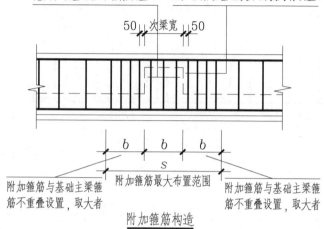

该基础次梁宽度范围（不包括基础次梁两侧的附加箍筋布置范围）按基础主梁箍筋设置

间距8d（d为箍筋直径）；且其最大间距应≤所在区域的箍筋间距。附加箍筋在基础次梁两侧对称设置。

50 | 次梁宽 | 50

b | b | b

s

附加箍筋与基础主梁箍筋不重叠设置，取大者

附加箍筋最大布置范围

附加箍筋与基础主梁箍筋不重叠设置，取大者

附加箍筋构造

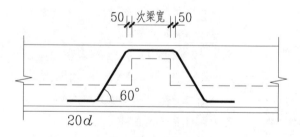

50 | 次梁宽 | 50

60°

20d

附加（反扣）吊筋构造

注：1. 吊筋高度应根据基础主梁高度推算。
　　2. 吊筋顶部平直段与基础主梁顶部纵筋净距应满足规范要求，当空间不足时，应置于下一排。
　　3. 吊筋范围（包括基础次梁宽度内）的箍筋照设。

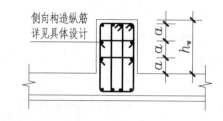

侧向构造纵筋详见具体设计

$a|a|a$ | h_w

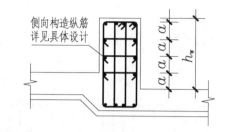

侧向构造纵筋详见具体设计

$a|a|a|a$ | h_w

梁侧面构造纵筋和拉筋

注：1. 当 $h_w \geqslant 450$ 时，在梁的两个侧面应沿高度配置纵向构造钢筋；纵向构造钢筋间距 $a \leqslant 200$。

　　2. 如能判断基础梁侧面受拉与受压区域时，侧面构造纵筋在受拉区域间距 $a \leqslant 200$，在受压区域可取 $a \leqslant 300$；两种不同分布间距的构造纵筋平行非接触搭接三个箍筋间距。

　　3. 十字相交的基础梁，其侧面构造纵筋锚入交叉梁内 $15d$（见图一）；丁字相交的基础梁，横梁外侧的构造纵筋应贯通，横梁内侧和竖梁两侧的构造纵筋锚入交叉梁内 $15d$（见图二）。

　　4. 拉筋直径为8mm，间距为箍筋间距的两倍。当设有多排拉筋时，上下两排拉筋竖向错开设置。拉筋可采用直形（ ⊐ ），也可采用S形（ ⊃ ），且直勾端交替设置。

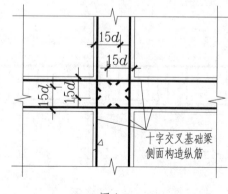

$15d$
$15d$
$15d$
$15d$

十字交叉基础梁侧面构造纵筋

图1

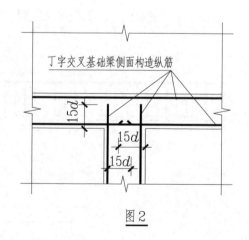

丁字交叉基础梁侧面构造纵筋

$15d$
$15d$
$15d$

图2

基础主梁与基础次梁侧面构造纵筋构造
附加箍筋和附加吊筋构造

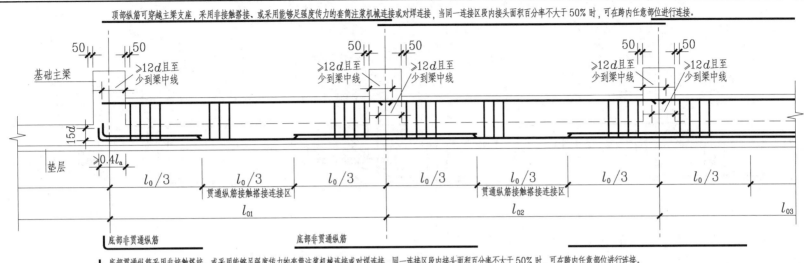

顶部纵筋可穿越主梁支座，采用非接触搭接、或采用能够足强度传力的套筒注浆机械连接或对焊连接，当同一连接区段内接头面积百分率不大于50%时，可在跨内任意部位进行连接。

贯通纵筋接触搭接连接区

贯通纵筋接触搭接连接区

底部非贯通纵筋

底部非贯通纵筋

底部贯通纵筋采用非接触搭接、或采用能够足强度传力的套筒注浆机械连接或对焊连接，同一连接区段内接头面积百分率不大于50%时，可在跨内任意部位进行连接。

基础次梁JCL纵向钢筋与箍筋构造

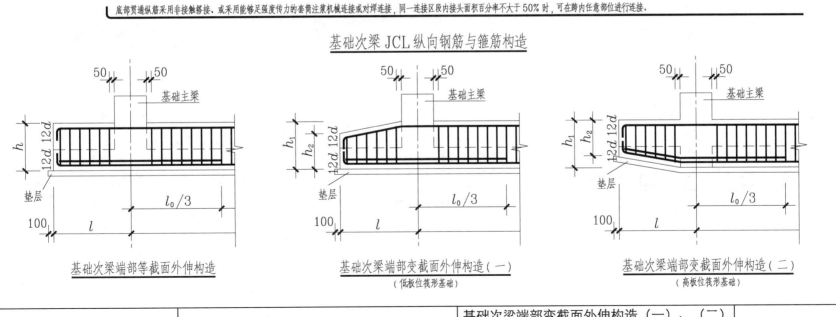

基础次梁端部等截面外伸构造

基础次梁端部变截面外伸构造（一）
（低板位筏形基础）

基础次梁端部变截面外伸构造（二）
（高板位筏形基础）

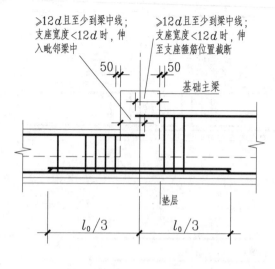

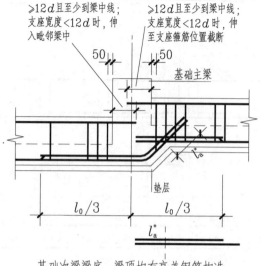

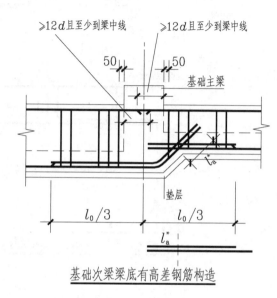

基础次梁梁顶有高差钢筋构造   基础次梁梁底、梁顶均有高差钢筋构造   基础次梁梁底有高差钢筋构造

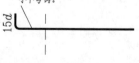

支座两边梁宽不同钢筋构造

注:

1. 当基础次梁变标高及变截面形式与本图不同时,其构造应由设计者设计;若要求施工方面参照本图构造方式,应提供相应改动的变更说明。

2. 图中基础次梁变截面阴角处纵筋锚长号所附"*"号,系提示施工方面经确认该纵筋之外的混凝土保护层厚度满足不小于$5d$时,根据规范规定其锚固长度可取计算锚固长度的70%。当角筋或外侧筋与中部筋非同时满足时,应对其分别处理。

3. 梁底斜阶可取45度、60度角,亦可做成90度阶状直角。当梁底高差采用直阶时,梁底纵筋在阳角处弯折向上延伸,在阴角处与梁底较高的梁纵筋交叉并分别锚固,锚固长度参照上一条说明。

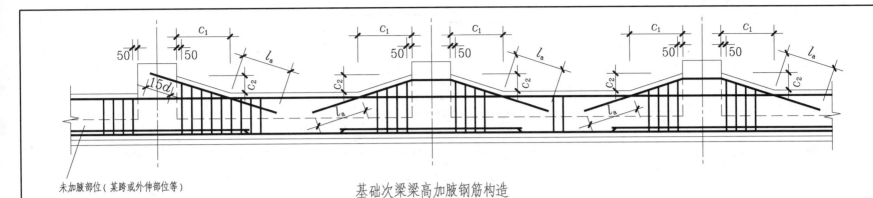

基础次梁梁高加腋钢筋构造

未加腋部位（某跨或外伸部位等）

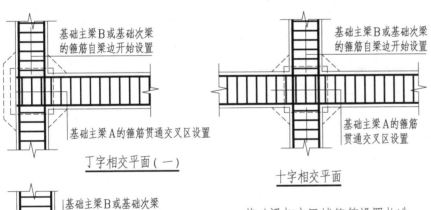

丁字相交平面（一）

十字相交平面

丁字相交平面（二）

基础梁相交区域箍筋设置构造

注：1. 当两向为等高基础主梁交叉时，基础主梁A的顶部与底部纵筋均在上交叉，基础主梁B均在下交叉。当设计另行注明应按具体设计要求施工。

2. 当两向不等高基础主梁交叉时，截面较高者为基础主梁A，截面较低者为基础基础主梁B。

3. 图中虚线为基础主梁相交处的柱及侧腋。

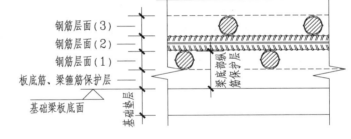

低板位梁板式筏形基础底部钢筋层面布置

注：1. 钢筋层面（1）：基础板底部最下层钢筋、最低位置基础梁（如基础主梁B）箍筋的下平直段，二者相互插空，平行布置。

2. 钢筋层面（2）：最低位置基础梁（如基础主梁B）底部纵筋、基础板底部第二层钢筋、与图面垂直的基础梁（如基础主梁A）箍筋的下平直段，三者相互插空，平行布置。

3. 钢筋层面（3）：与图面垂直的基础梁（如基础主梁A）底部纵筋。

又：高板位梁板式筏形基础可按其镜像，其底部为顶部。

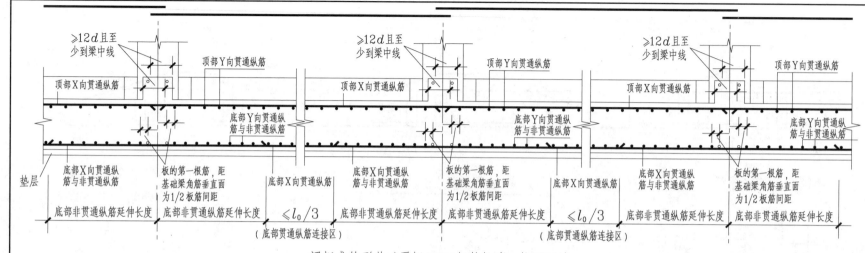

梁板式筏形基础平板LPB钢筋构造(柱下区域)

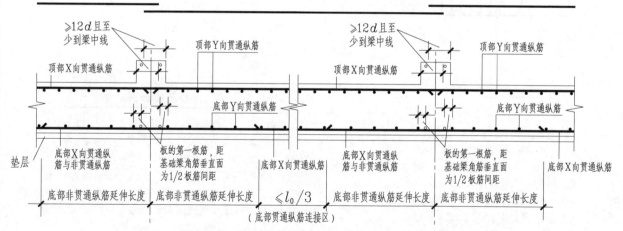

注:

1. 本图所示贯通纵筋的连接区,系考虑当施工采用不能足强度传力的传统连接方式时,避开了受力较大的区域。

2. 当顶部与底部贯通纵筋采用非接触搭接,或采用能够足强度度传力的套筒注浆机械连接或对焊连接,同一连接区段内接头面积百分率不大于50%时,可在任意位置连接。

3. 钢筋同轴或平行轴非接触搭接方式,详见第5章综合构造。

梁板式筏形基础平板LPB钢筋构造(跨中区域)

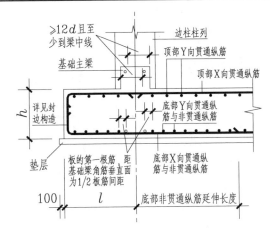

基础平板LPB端部等截面外伸构造
（跨中底部无Y向非贯通纵筋）

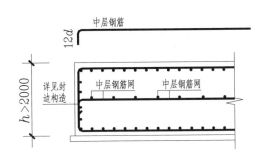

厚板中层钢筋端头构造

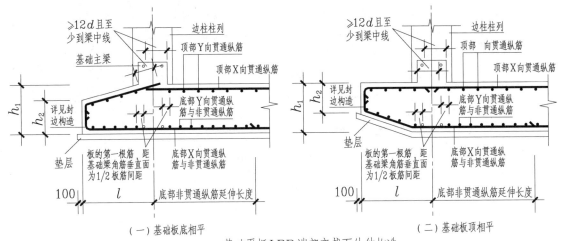

（一）基础板底相平

（二）基础板顶相平

基础平板LPB端部变截面外伸构造
（跨中底部无Y向非贯通纵筋）

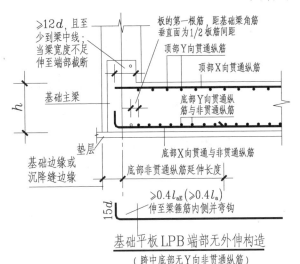

基础平板LPB端部无外伸构造
（跨中底部无Y向非贯通纵筋）

注：
1. 基础板顶相平的构造方式多用于高板位梁板式筏形基础；当用于低板位时则与梁顶相平的基础梁变截面外外伸配合使用。该方式易于浇筑混凝土时采用机械振捣，确保混凝土浇筑的密实度质量。

2. 基础平板同一层面的交叉纵筋，何向纵筋在下，何向纵筋在上，应按具体设计说明。

3. 板边缘侧面封边构造见相关页。

4. 当板厚大于2000mm时，宜在板厚中部设置直径不小于12mm，间距不大于300mm的双向钢筋。此构造的功能系传导混凝土浇筑产生的水化热而非结构受力需要，故导热钢筋不需配置过大。

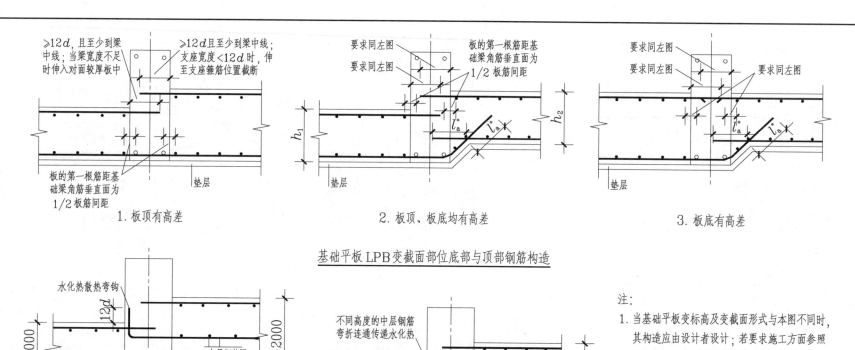

1. 板顶有高差　　　　　　　　2. 板顶、板底均有高差　　　　　　　3. 板底有高差

基础平板LPB变截面部位底部与顶部钢筋构造

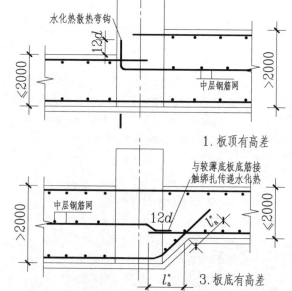

1. 板顶有高差

3. 板底有高差

2. 板顶、板底均有高差

基础平板LPB变截面部位中层钢筋构造

注:
1. 当基础平板变标高及变截面形式与本图不同时,其构造应由设计者设计;若要求施工方面参照本图构造方式,应提供相应改动的变更说明。
2. 图中基础平板变截面阴角处纵筋锚长号所附"*"号,系提示施工方面经确认该纵筋之外的混凝土保护层厚度满足不小于5d时,根据规范规定其锚固长度可取计算锚固长度的70%。
3. 板底斜阶可取45度、60度角,亦可做成90度阶状直角。当板底高差采用直阶时,纵筋在阳角处弯折向上延伸,在阴处与板底较高的板底筋交叉并分别锚固,锚固长度参照上条说明。

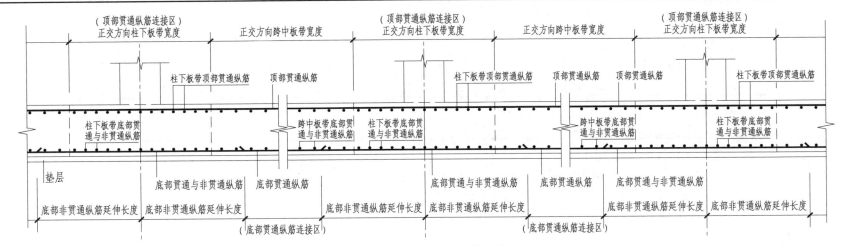

柱下板带ZXB纵向钢筋构造

注:
1. 不同配置的底部贯通纵筋,应在两毗邻轴线跨度中配置较小的跨中连接区域连接。(即配置较大的底部贯通筋须越过其标注的终点或起点伸至毗邻轴线跨的跨中连接区域。

2. 底部与顶部贯通纵筋在本图所示连接区内的连接方式,详见本章相应的纵筋连接通用构造。

3. 基础平板同一层面的交叉纵筋,何向纵筋在下,何向纵筋在上,应按具体设计说明。

4. 端部与外伸部位纵向钢筋构造见相关页。

5. 柱下板带ZXB与跨中板带KZB纵向钢筋的SUS构造见下页。

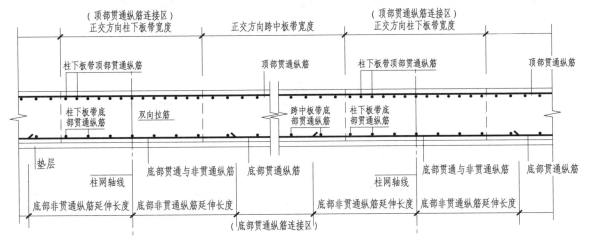

跨中板带KZB纵向钢筋构造

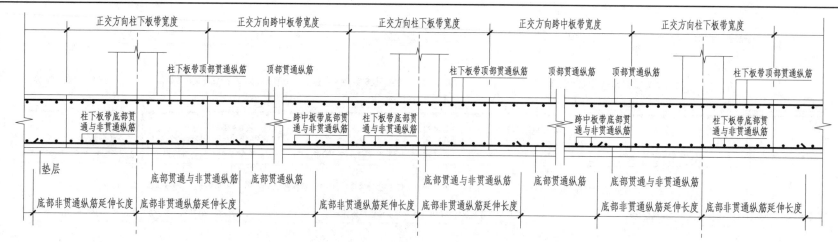

正交方向柱下板带宽度　　正交方向跨中板带宽度　　正交方向柱下板带宽度　　正交方向跨中板带宽度　　正交方向柱下板带宽度

柱下板带顶部贯通纵筋　　顶部贯通纵筋　　柱下板带顶部贯通纵筋　　顶部贯通纵筋　　顶部贯通纵筋　　柱下板带顶部贯通纵筋

柱下板带底部贯通与非贯通纵筋　　跨中板带底部贯通与非贯通纵筋　　柱下板带底部贯通与非贯通纵筋　　跨中板带底部贯通与非贯通纵筋　　柱下板带底部贯通与非贯通纵筋

垫层

底部贯通与非贯通纵筋　　底部贯通纵筋　　底部贯通与非贯通纵筋　　底部贯通纵筋　　底部贯通与非贯通纵筋

底部非贯通纵筋延伸长度　　底部非贯通纵筋延伸长度　　底部非贯通纵筋延伸长度　　底部非贯通纵筋延伸长度　　底部非贯通纵筋延伸长度　　底部非贯通纵筋延伸长度

柱下板带ZXB纵向钢筋SUS构造

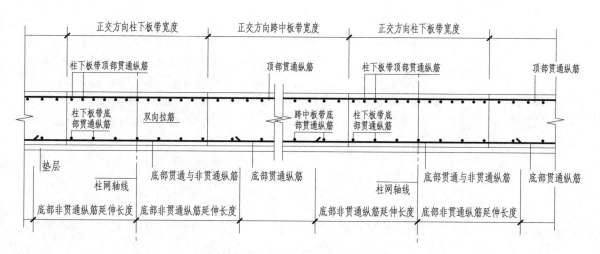

正交方向柱下板带宽度　　正交方向跨中板带宽度　　正交方向柱下板带宽度

柱下板带顶部贯通纵筋　　顶部贯通纵筋　　柱下板带顶部贯通纵筋　　顶部贯通纵筋

柱下板带底部贯通纵筋　　双向拉筋　　跨中板带底部贯通纵筋　　柱下板带底部贯通纵筋

垫层

柱网轴线　　底部贯通与非贯通纵筋　　底部贯通纵筋　　柱网轴线　　底部贯通与非贯通纵筋　　底部贯通纵筋

底部非贯通纵筋延伸长度　　底部非贯通纵筋延伸长度　　底部非贯通纵筋延伸长度　　底部非贯通纵筋延伸长度

跨中板带KZB纵向钢筋SUS构造

注:

1. SUS为Scientific Use of Steel 的首字母缩略词,表示"科学用钢"含义。当设计与施工等各方对科学用钢原理取得共识后,建议采用。

2. 当顶部与底部贯通纵筋采用非接触搭接,或采用能够足强度度传力的套筒注浆机械连接或对焊连接,同一连接区段内接头面积百分率不大于50%时,可在任意位置连接,实现科学用钢。

3. 不同配置的底部贯通纵筋,应在两毗邻轴线跨度中配置较小跨连接。即配置较大的底部贯通纵筋须越过其标注的终点或起点伸至毗邻轴线跨连接。

4. 钢筋同轴或平行轴非接触搭接方式详见第5章。

5. 基础平板同一层面交叉纵筋何向纵筋在下,何向纵筋在上,应按具体设计说明。

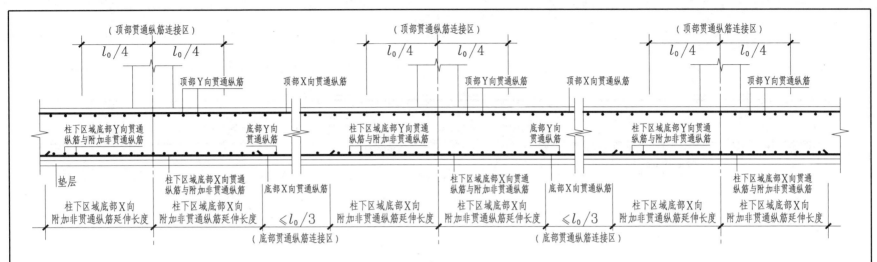

平板式筏形基础平板BPB钢筋构造（柱下区域）

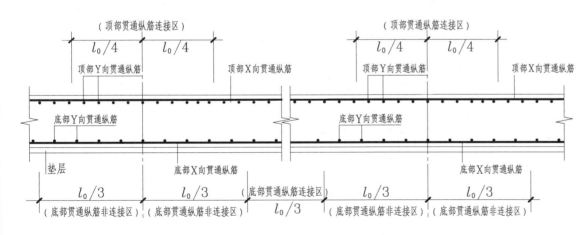

平板式筏形基础平板BPB钢筋构造（跨中区域）

注：
1. 不同配置的底部贯通纵筋，应在两毗邻轴线跨度中配置较小的跨中连接区域连接。（即配置较大的底部贯通纵筋须越过其标注的终点或起点伸至毗邻轴线跨的跨中连接区域。

2. 底部与顶部贯通纵筋在本图所示连接区内的连接方式，详见本章相应的纵筋连接通用构造。

3. 基础平板同一层面的交叉纵筋，何向纵筋在下，何向纵筋在上，应按具体设计说明。

4. 端部与外伸部位纵向钢筋构造见相关页。

5. 基础平板BPB钢筋SUS构造见下页。

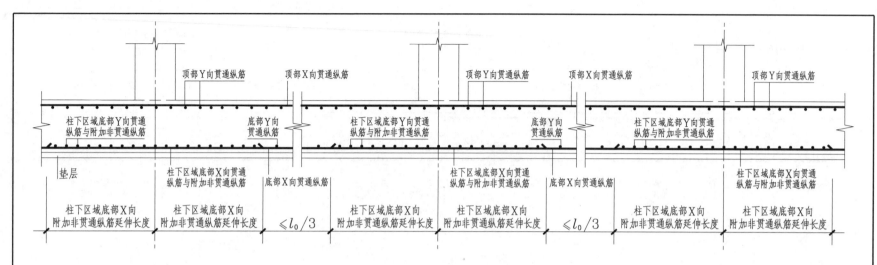

平板式筏形基础平板BPB钢筋SUS构造（柱下区域）

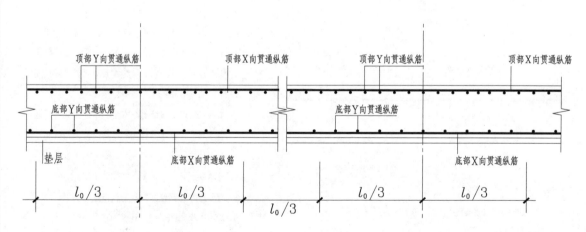

平板式筏形基础平板BPB钢筋SUS构造（轴线中部区域）

注：

1. SUS为Scientific Use of Steel 的首字母缩略词，表示"科学用钢"含义。当设计与施工等各方对科学用钢原理取得共识后，建议采用。

2. 当顶部与底部贯通纵筋采用非接触搭接，或采用能够足强度度传力的套筒注浆机械连接或对焊连接，同一连接区段内接头面积百分率不大于50%时，可在任意位置连接，实现科学用钢。

3. 不同配置的底部贯通纵筋，应在两毗邻轴线跨度中配置较小跨连接。即配置较大的底部贯通纵筋须越过其标注的终点或起点伸至毗邻轴线跨连接。

4. 钢筋同轴或平行轴非接触搭接方式详见第5章。

5. 基础平板同一层面交叉纵筋何向纵筋在下，何向纵筋在上，应按具体设计说明。

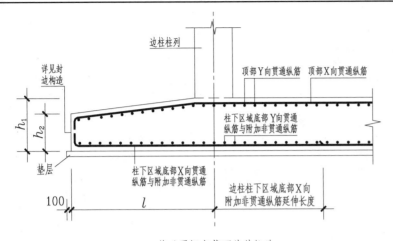

基础平板变截面外伸构造（一）（基础板底平）
（跨中底部通常无非贯通纵筋）

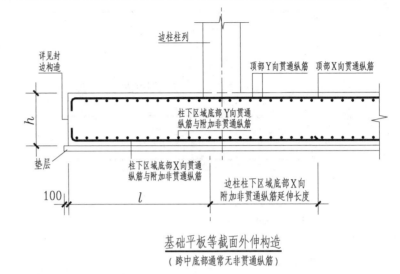

基础平板等截面外伸构造
（跨中底部通常无非贯通纵筋）

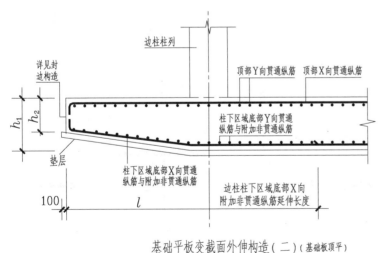

基础平板变截面外伸构造（二）（基础板顶平）
（跨中底部通常无非贯通纵筋）

注:

1. 当平板式筏形基础外伸为变截面,且延伸部位顶面为坡型（即基础板底平）时,宜设置板顶模板方便浇筑混凝土时采用机械振捣,以确保混凝土的密实度满足质量要求。

2. 当平板式筏形基础变截面外伸采用基础板顶平方式时,由于板顶面为水平面,浇筑混凝土时可直接采用机械振捣,易确保混凝土密实度满足质量要求,同时可减少场区开挖土石方量。

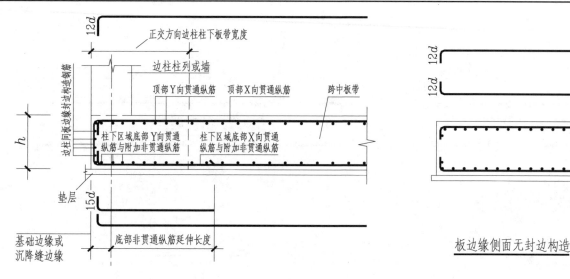

注:
1. 基础平板同一层面的交叉纵筋何向在下，何向在上，应按具体设计说明。
2. 当板厚大于2000mm时，宜在板厚中部设置直径不小于12mm，间距不大于300mm的双向钢筋网。由于此构造的功能系传导浇筑混凝土时产生的水化热而非结构受力需要，故导热钢筋不需配置过大。

基础平板端部无外伸构造

板边缘侧面无封边构造

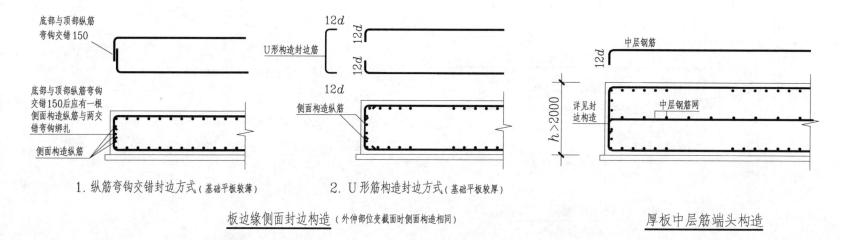

1. 纵筋弯钩交错封边方式(基础平板较薄)　　2. U形筋构造封边方式(基础平板较厚)

板边缘侧面封边构造(外伸部位变截面时侧面构造相同)

厚板中层筋端头构造

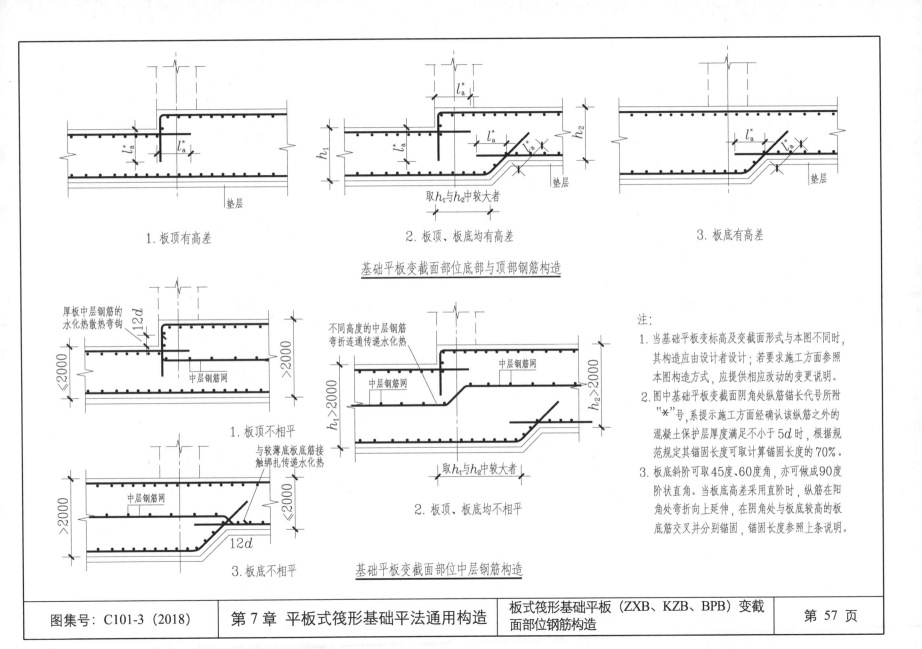

1. 板顶有高差

2. 板顶、板底均有高差

取 h_1 与 h_2 中较大者

3. 板底有高差

基础平板变截面部位底部与顶部钢筋构造

厚板中层钢筋的
水化热散热弯钩

中层钢筋网

1. 板顶不相平

与较薄底板底筋接
触绑扎传递水化热

中层钢筋网

3. 板底不相平

不同高度的中层钢筋
弯折连通传递水化热

中层钢筋网

中层钢筋网

取 h_1 与 h_2 中较大者

2. 板顶、板底均不相平

基础平板变截面部位中层钢筋构造

注:
1. 当基础平板变标高及变截面形式与本图不同时,
其构造应由设计者设计;若要求施工方面参照
本图构造方式,应提供相应改动的变更说明。
2. 图中基础平板变截面阴角处纵筋锚长代号所附
"*"号,系提示施工方面经确认该纵筋之外的
混凝土保护层厚度满足不小于 $5d$ 时,根据规
范规定其锚固长度可取计算锚固长度的70%。
3. 板底斜阶可取45度、60度角,亦可做成90度
阶状直角。当板底高差采用直阶时,纵筋在阳
角处弯折向上延伸,在阴角处与板底较高的板
底筋交叉并分别锚固,锚固长度参照上条说明。

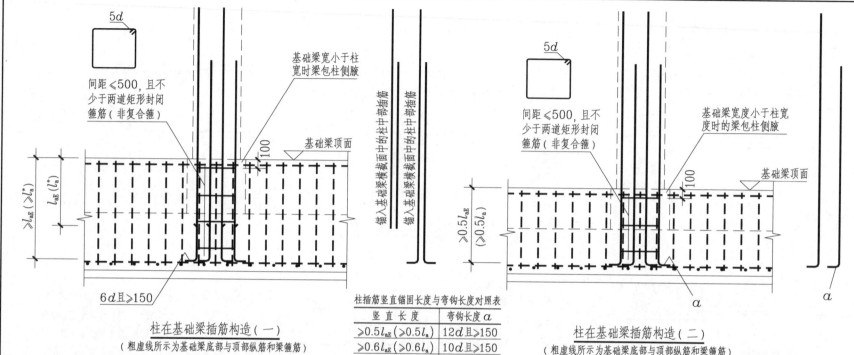

柱插筋竖直锚固长度与弯钩长度对照表	
竖 直 长 度	弯钩长度 a
$\geqslant 0.5 l_{aE}$ ($\geqslant 0.5 l_a$)	$12d$ 且 $\geqslant 150$
$\geqslant 0.6 l_{aE}$ ($\geqslant 0.6 l_a$)	$10d$ 且 $\geqslant 150$
$\geqslant 0.7 l_{aE}$ ($\geqslant 0.7 l_a$)	$8d$ 且 $\geqslant 150$
$\geqslant 0.8 l_{aE}$ ($\geqslant 0.8 l_a$)	$6d$ 且 $\geqslant 150$

柱在基础梁插筋构造（一）
（粗虚线所示为基础梁底部与顶部纵筋和梁箍筋）

柱在基础梁插筋构造（二）
（粗虚线所示为基础梁底部与顶部纵筋和梁箍筋）

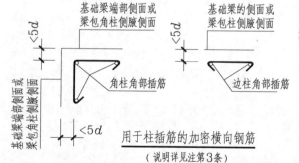

用于柱插筋的加密横向钢筋
（说明详见注第3条）

注：1. l_{aE} 为纵筋抗震锚固长度，l_a 为非抗震锚固长度。

2. 柱在基础梁插筋构造（一）中，部分柱插筋锚长代号所附"*"号，系提示施工方面经确认该纵筋之外的混凝土保护层厚度不小于 $5d$ 时，根据规范规定其锚固长度可取计算锚固长度的70%。

3. 当一个侧面的柱插筋（如基础梁丁字相交处的边柱）或两个侧面的柱插筋（如两向无延伸基础梁端部的角柱）之外的混凝土保护层厚度小于 $5d$ 时，在每两道间距不大于500mm的稳定柱插筋的箍筋之间应设置直径不小于 $d/4$（此处 d 为柱插筋的较大直径），间距不大于 $5d$ 且不大于100mm的横向钢筋，见左图所示），此横向筋的功能为加大纵筋的机械阻力从而提高混凝土对锚固钢筋的粘结强度，仅需在混凝土保护层厚度小于 $5d$ 的范围设置。

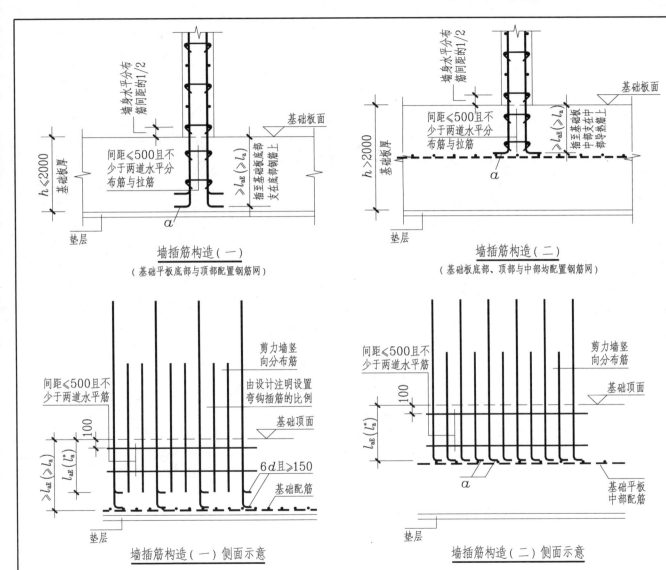

墙插筋构造（一）
（基础平板底部与顶部配置钢筋网）

墙插筋构造（二）
（基础板底部、顶部与中部均配置钢筋网）

墙插筋构造（一）侧面示意

墙插筋构造（二）侧面示意

墙插筋竖直锚固长度与弯钩长度对照表

竖 直 长 度	弯钩长度 a
$\geqslant 0.5 l_{aE}(\geqslant 0.5 l_a)$	$12d$ 且 $\geqslant 150$
$\geqslant 0.6 l_{aE}(\geqslant 0.6 l_a)$	$10d$ 且 $\geqslant 150$
$\geqslant 0.7 l_{aE}(\geqslant 0.7 l_a)$	$8d$ 且 $\geqslant 150$
$\geqslant 0.8 l_{aE}(\geqslant 0.8 l_a)$	$6d$ 且 $\geqslant 150$

注：
1. l_{aE} 为纵筋抗震锚固长度，l_a 为非抗震锚固长度。
2. 插筋锚长代号所附"✷"号，系提示施工方面经确认该纵筋之外的混凝土保护层厚度不小于 $5d$ 时，根据规范规定其锚固长度可取计算锚固长度的 70%。
3. 当插筋表面外的混凝土保护层厚度小于 $5d$ 时，墙插筋在基础平板中的锚固深度范围应设置直径不小于 $d/4$（此处 d 为墙插筋的较大直径），间距不大于 $5d$ 且不大于 $100mm$ 的双层横向钢筋，并设直径 $6mm$ 间距 400 梅花双向拉筋。
4. 抗震剪力墙边缘构件的竖向受力钢筋宜全部插至基础底部或厚板中部弯钩，并按基础之上的箍筋规格设置箍筋。
5. 当抗震剪力墙侧面与基础平板的侧面相平时（如在特殊情况下设置的基础沉降缝处），该侧面的所有竖向受力纵筋和竖向分布筋均应插至基础底部，并向内侧弯钩 $15d$。

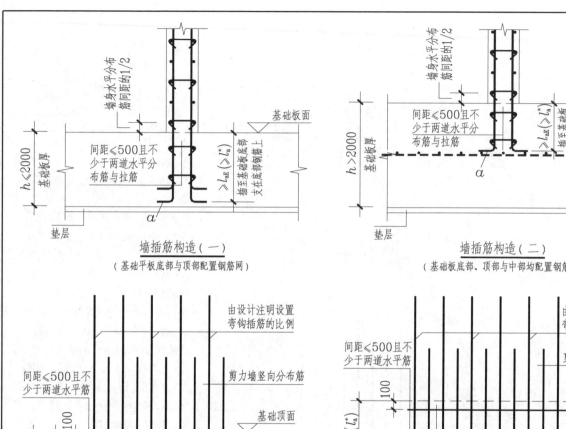

墙插筋构造（一）
（基础平板底部与顶部配置钢筋网）

墙插筋构造（二）
（基础板底部、顶部与中部均配置钢筋网）

墙插筋构造（一）侧面示意

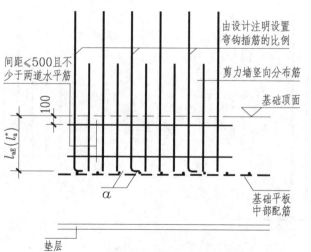

墙插筋构造（二）侧面示意

墙插筋竖直锚固长度与弯钩长度对照表

竖直长度	弯钩长度 a
$\geq 0.5 l_{aE}$（$\geq 0.5 l_a$）	$12d$且≥ 150
$\geq 0.6 l_{aE}$（$\geq 0.6 l_a$）	$10d$且≥ 150
$\geq 0.7 l_{aE}$（$\geq 0.7 l_a$）	$8d$且≥ 150
$\geq 0.8 l_{aE}$（$\geq 0.8 l_a$）	$6d$且≥ 150

注：

1. l_{aE} 为纵筋抗震锚固长度，l_a 为非抗震锚固长度。

2. 插筋锚长代号所附"*"号，系提示施工方面经确认该纵筋之外的混凝土保护层厚度不小于 $5d$ 时，根据规范规定其锚固长度可取计算锚固长度的 70%。

3. 当插筋表面外的混凝土保护层厚度小于 $5d$ 时，墙插筋在基础平板中的锚固深度范围应设置直径不小于 $d/4$（此处 d 为墙插筋的较大直径），间距不大于 $5d$ 且不大于 100mm 的双层横向钢筋，并设直径 6mm 间距 400 梅花双向拉筋。

4. 抗震剪力墙边缘构件的竖向受力钢筋宜全部插至基础底部或厚板中部弯钩，并按基础之上的箍筋规格设置箍筋。

5. 当抗震剪力墙侧面与基础平板的侧面相平时（如在特殊情况下设置的基础沉降缝处），该侧面的所有竖向受力纵筋和竖向分布筋均应插至基础底部，并向内侧弯钩 $15d$。

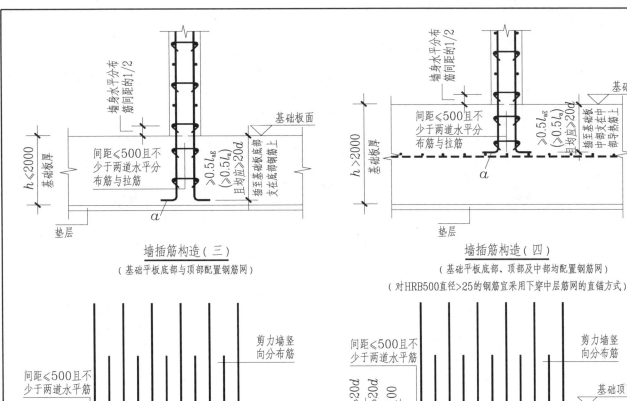

墙身水平分布筋间距的1/2

墙身水平分布筋间距的1/2

基础板面

间距≤500且不少于两道水平分布筋与拉筋

基础板面

h<2000 基础板厚

≥0.5l_{aE}(≥0.5l_a)

间距≤500且不少于两道水平分布筋与拉筋

基础板面

≥0.5l_{aE}(≥0.5l_a)均应≥20d

插至基础板底部且支在底部钢筋上

h>2000 基础板厚

间距≤500且不少于两道水平分布筋与拉筋

≥0.5l_{aE}(≥0.5l_a)均应≥20d

插至基础板中部且支在中部导热筋上

a

a

垫层

垫层

墙插筋构造（三）
（基础平板底部与顶部配置钢筋网）

墙插筋构造（四）
（基础平板底部、顶部及中部均配置钢筋网）
（对HRB500直径>25的钢筋宜采用下穿中层筋网的直锚方式）

墙插筋竖直锚固长度与弯钩长度对照表

竖直长度	弯钩长度 a
$\geqslant 0.5l_{aE}(\geqslant 0.5l_a)$	$12d$且$\geqslant 150$
$\geqslant 0.6l_{aE}(\geqslant 0.6l_a)$	$10d$且$\geqslant 150$
$\geqslant 0.7l_{aE}(\geqslant 0.7l_a)$	$8d$且$\geqslant 150$
$\geqslant 0.8l_{aE}(\geqslant 0.8l_a)$	$6d$且$\geqslant 150$

注：

1. l_{aE}为纵筋抗震锚固长度，l_a为非抗震锚固长度。

2. 当基础平板厚度大于2000mm时，对于HRB500、HRBF500直径>25mm的钢筋宜采用下穿中层筋网的直锚方式。

3. 当插筋表面外的混凝土保护层厚度小于$5d$时，墙插筋在基础平板中的锚固深度范围应设置直径不小于$d/4$（此处d为墙插筋的较大直径），间距不大于$5d$且不大于100mm的双层横向钢筋，并设直径6mm间距400梅花双向拉筋。

4. 抗震剪力墙边缘构件的竖向受力钢筋宜全部插至基础底部或厚板中部弯钩，并按基础之上的箍筋规格设置箍筋。

5. 当抗震剪力墙侧面与基础平板的侧面相平时（如在特殊情况下设置的基础沉降缝处），该侧面的所有竖向受力纵筋和竖向分布筋均应插至基础底部，并向内侧弯钩15d。

间距≤500且不少于两道水平筋

剪力墙竖向分布筋

≥0.5l_{aE}且≥20d
≥0.5l_a且≥20d

100

基础顶面

基础平板底部配筋

间距≤500且不少于两道水平筋

剪力墙竖向分布筋

≥0.5l_{aE}且≥20d
≥0.5l_a且≥20d

100

基础顶面

基础平板中部配筋

a

a

垫层

垫层

墙插筋构造（三）侧面示意

墙插筋构造（四）侧面示意

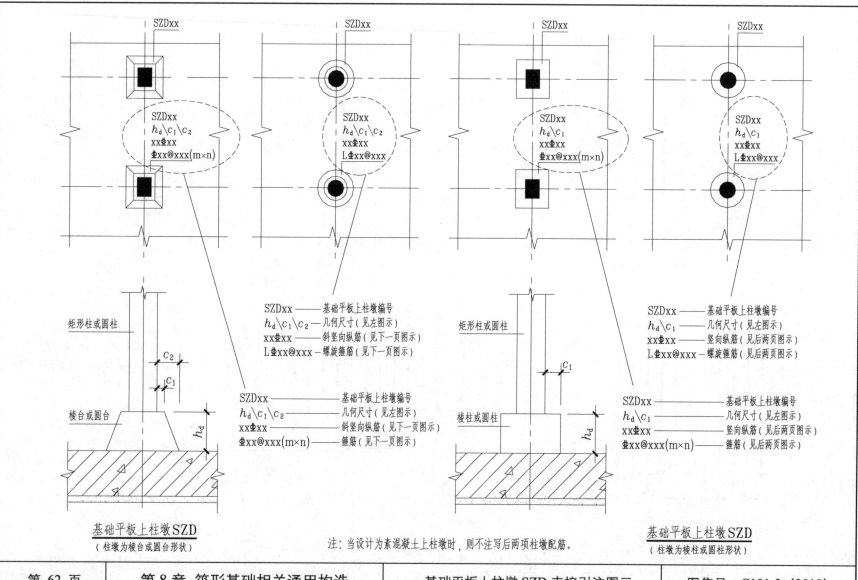

SZDxx —————— 基础平板上柱墩编号
$h_d\backslash c_1\backslash c_2$ — 几何尺寸（见左图示）
xx⚊xx —————— 斜竖向纵筋（见下一页图示）
L⚊xx@xxx – 螺旋箍筋（见下一页图示）

SZDxx —————— 基础平板上柱墩编号
$h_d\backslash c_1\backslash c_2$ — 几何尺寸（见左图示）
xx⚊xx —————— 斜竖向纵筋（见下一页图示）
⚊xx@xxx(m×n) — 箍筋（见下一页图示）

SZDxx —————— 基础平板上柱墩编号
$h_d\backslash c_1$ —— 几何尺寸（见左图示）
xx⚊xx —————— 竖向纵筋（见后两页图示）
L⚊xx@xxx – 螺旋箍筋（见后两页图示）

SZDxx —————— 基础平板上柱墩编号
$h_d\backslash c_1$ —— 几何尺寸（见左图示）
xx⚊xx —————— 竖向纵筋（见后两页图示）
⚊xx@xxx(m×n) —— 箍筋（见后两页图示）

矩形柱或圆柱

c_2
c_1

棱台或圆台

h_d

矩形柱或圆柱

c_1

棱柱或圆柱

h_d

<u>基础平板上柱墩SZD</u>
（柱墩为棱台或圆台形状）

注：当设计为素混凝土上柱墩时，则不注写后两项柱墩配筋。

<u>基础平板上柱墩SZD</u>
（柱墩为棱柱或圆柱形状）

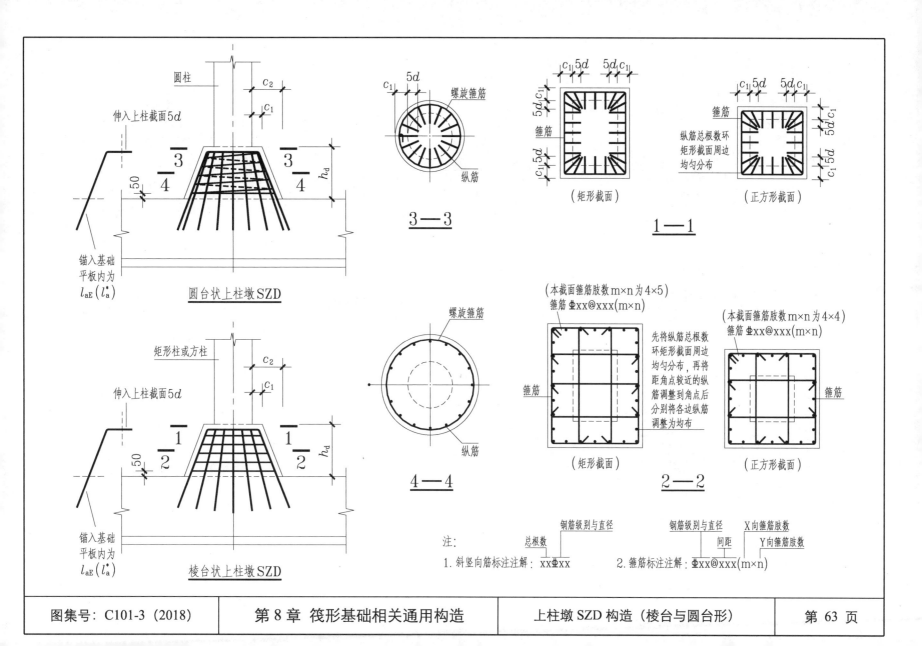

圆柱

伸入上柱截面5d

c_2

c_1

50

$\overline{\dfrac{3}{4}}$　$\overline{\dfrac{3}{4}}$

h_d

锚入基础
平板内为
$l_{aE}(l_a^*)$

圆台状上柱墩SZD

矩形柱或方柱

伸入上柱截面5d

c_2

c_1

50

$\overline{\dfrac{1}{2}}$　$\overline{\dfrac{1}{2}}$

h_d

锚入基础
平板内为
$l_{aE}(l_a^*)$

棱台状上柱墩SZD

c_1　5d

螺旋箍筋

纵筋

3—3

螺旋箍筋

纵筋

4—4

c_1 5d　5d c_1

5d c_1

箍筋

c_1 5d

（矩形截面）

c_1 5d　5d c_1

箍筋

5d c_1

c_1 5d

纵筋总根数环
矩形截面周边
均匀分布

（正方形截面）

1—1

（本截面箍筋肢数m×n为4×5）
箍筋 Φxx@xxx(m×n)

箍筋

先将纵筋总根数
环矩形截面周边
均匀分布，再将
距角点较近的纵
筋调整到角点后
分别将各边纵筋
调整为均布

（矩形截面）

（本截面箍筋肢数m×n为4×4）
箍筋 Φxx@xxx(m×n)

箍筋

（正方形截面）

2—2

注：

1. 斜竖向筋标注解：xxΦxx
　　总根数　钢筋级别与直径

2. 箍筋标注解：Φxx@xxx(m×n)
　　钢筋级别与直径　间距　X向箍筋肢数　Y向箍筋肢数

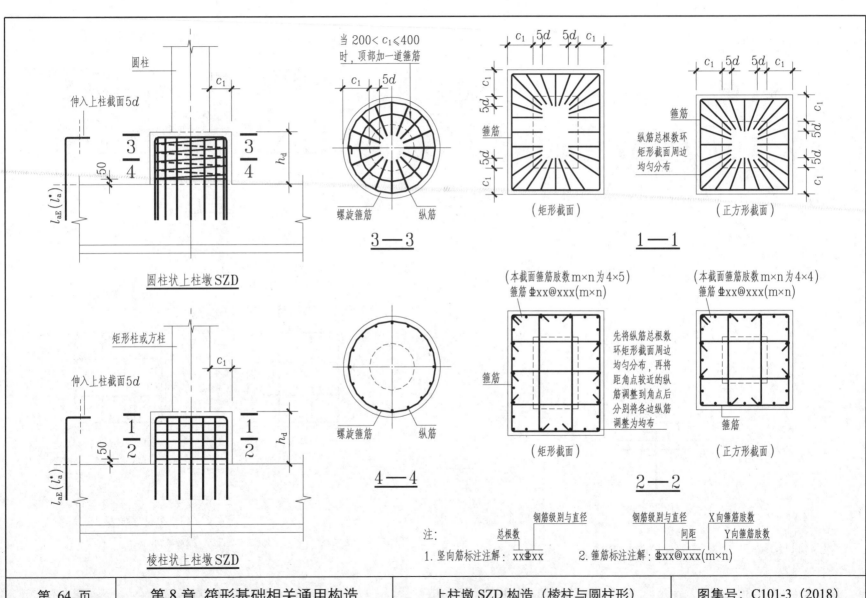

当 $200 < c_1 \leqslant 400$ 时,顶部加一道箍筋

圆柱

伸入上柱截面 5d

$\dfrac{3}{4}$　$\dfrac{3}{4}$

圆柱状上柱墩 SZD

矩形柱或方柱

伸入上柱截面 5d

$\dfrac{1}{2}$　$\dfrac{1}{2}$

棱柱状上柱墩 SZD

螺旋箍筋　纵筋

3—3

箍筋

（矩形截面）

纵筋总根数环矩形截面周边均匀分布

箍筋

（正方形截面）

1—1

螺旋箍筋　纵筋

4—4

(本截面箍筋肢数 m×n 为 4×5)
箍筋 Φxx@xxx(m×n)

箍筋

先将纵筋总根数环矩形截面周边均匀分布,再将距角点较近的纵筋调整到角点后分别将各边纵筋调整为均布

（矩形截面）

(本截面箍筋肢数 m×n 为 4×4)
箍筋 Φxx@xxx(m×n)

箍筋

（正方形截面）

2—2

注:

1. 竖向筋标注注解:xxΦxx

总根数 / 钢筋级别与直径

2. 箍筋标注注解:Φxx@xxx(m×n)

钢筋级别与直径 / 间距 / X向箍筋肢数 / Y向箍筋肢数

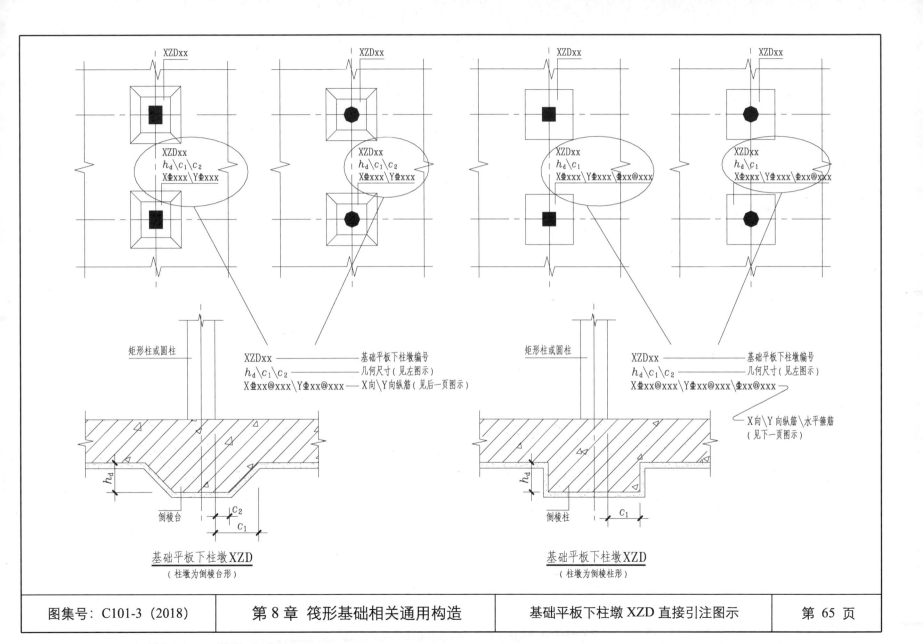

XZDxx XZDxx XZDxx XZDxx

XZDxx
$h_d\backslash c_1\backslash c_2$
$X\Phi xxx\backslash Y\Phi xxx$

XZDxx
$h_d\backslash c_1\backslash c_2$
$X\Phi xxx\backslash Y\Phi xxx$

XZDxx
$h_d\backslash c_1$
$X\Phi xxx\backslash Y\Phi xxx\backslash \Phi xx@xxx$

XZDxx
$h_d\backslash c_1$
$X\Phi xxx\backslash Y\Phi xxx\backslash \Phi xx@xxx$

矩形柱或圆柱

XZDxx————————基础平板下柱墩编号
$h_d\backslash c_1\backslash c_2$————————几何尺寸(见左图示)
$X\Phi xx@xxx\backslash Y\Phi xx@xxx$——X向\Y向纵筋(见后一页图示)

h_d

倒棱台 c_2
    c_1

基础平板下柱墩XZD
(柱墩为倒棱台形)

矩形柱或圆柱

XZDxx————————基础平板下柱墩编号
$h_d\backslash c_1\backslash c_2$————————几何尺寸(见左图示)
$X\Phi xx@xxx\backslash Y\Phi xx@xxx\backslash \Phi xx@xxx$

       X向\Y向纵筋\水平箍筋
       (见下一页图示)

h_d

倒棱柱 c_1

基础平板下柱墩XZD
(柱墩为倒棱柱形)

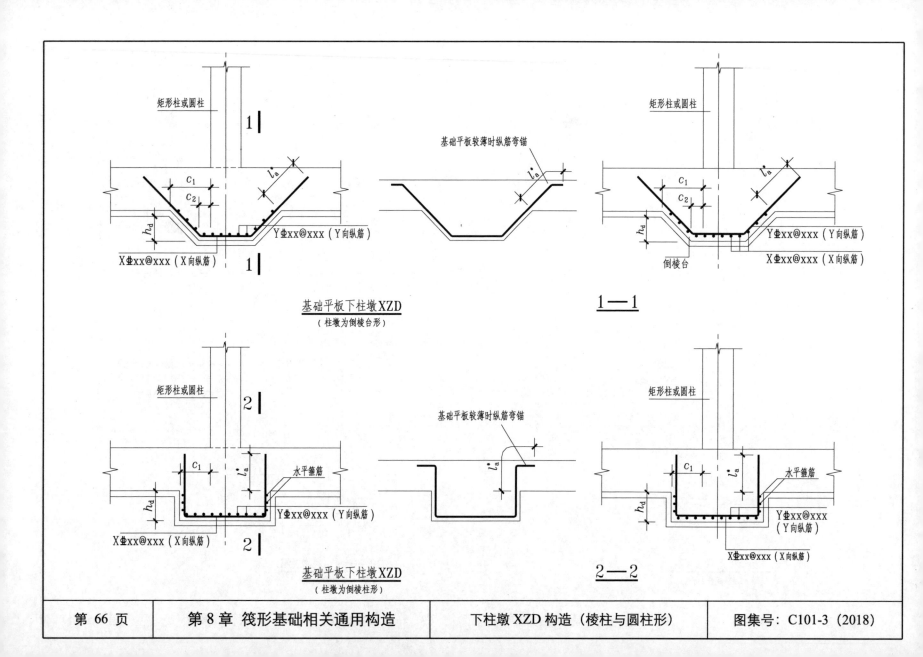

基础平板下柱墩XZD
（柱墩为倒棱台形）

1—1

基础平板下柱墩XZD
（柱墩为倒棱柱形）

2—2

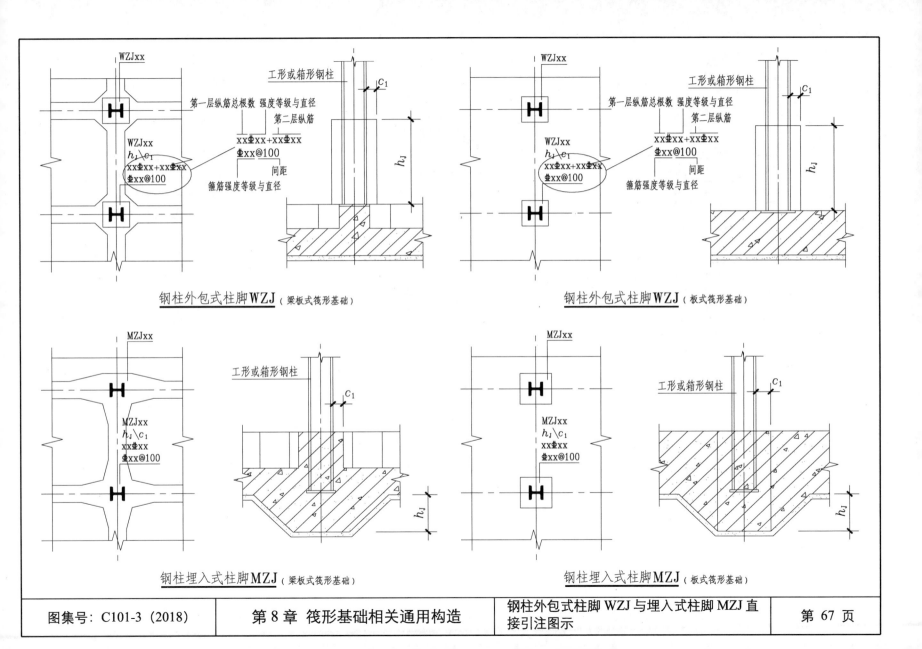

钢柱外包式柱脚WZJ（梁板式筏形基础）

钢柱外包式柱脚WZJ（板式筏形基础）

钢柱埋入式柱脚MZJ（梁板式筏形基础）

钢柱埋入式柱脚MZJ（板式筏形基础）

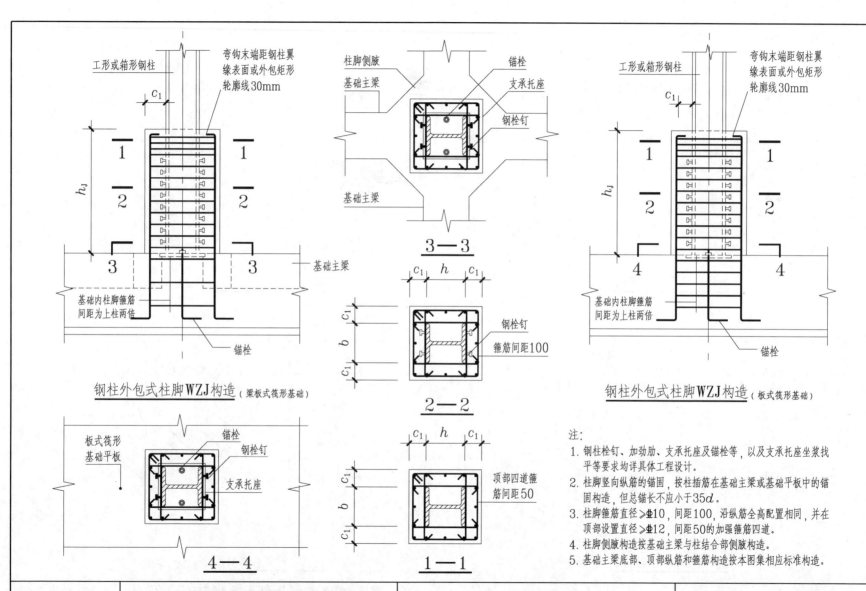

工形或箱形钢柱

弯钩末端距钢柱翼缘表面或外包矩形轮廓线30mm

柱脚侧腋

基础主梁

锚栓

支承托座

钢栓钉

基础主梁

3—3

基础主梁

基础内柱脚箍筋间距为上柱两倍

锚栓

钢柱外包式柱脚WZJ构造（梁板式筏形基础）

板式筏形基础平板

锚栓

钢栓钉

支承托座

4—4

c_1　h　c_1

钢栓钉

箍筋间距100

2—2

c_1　h　c_1

顶部四道箍筋间距50

1—1

工形或箱形钢柱

弯钩末端距钢柱翼缘表面或外包矩形轮廓线30mm

基础内柱脚箍筋间距为上柱两倍

锚栓

钢柱外包式柱脚WZJ构造（板式筏形基础）

注:
1. 钢柱栓钉、加劲肋、支承托座及锚栓等，以及支承托座坐浆找平等要求均详具体工程设计。
2. 柱脚竖向纵筋的锚固，按柱插筋在基础主梁或基础平板中的锚固构造，但总锚长不应小于35d。
3. 柱脚箍筋直径≥ф10，间距100，沿纵筋全高配置相同，并在顶部设置直径≥ф12，间距50的加强箍筋四道。
4. 柱脚侧腋构造按基础主梁与柱结合部侧腋构造。
5. 基础主梁底部、顶部纵筋和箍筋构造按本图集相应标准构造。

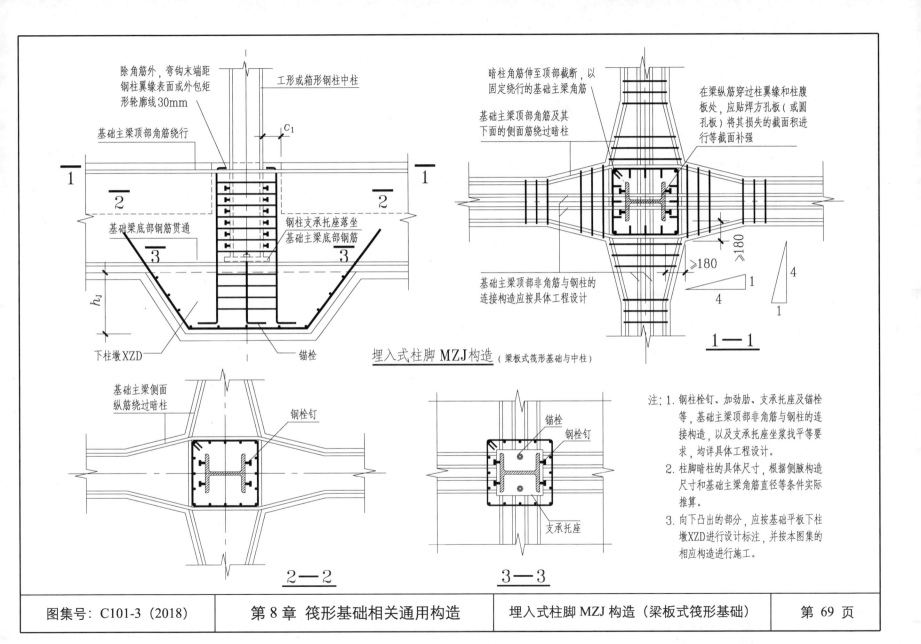

除角筋外，弯钩末端距钢柱翼缘表面或外包矩形轮廓线30mm

工形或箱形钢柱中柱

基础主梁顶部角筋绕行

c_1

基础梁底部钢筋贯通

钢柱支承托座落坐基础主梁底部钢筋

h_J

下柱墩XZD

锚栓

基础主梁侧面纵筋绕过暗柱

钢栓钉

2—2

暗柱角筋伸至顶部截断，以固定绕行的基础主梁角筋

基础主梁顶部角筋及其下面的侧面筋绕过暗柱

在梁纵筋穿过柱翼缘和柱腹板处，应贴焊方孔板（或圆孔板）将其损失的截面积进行等截面积补强

≥180

≥180

基础主梁顶部非角筋与钢柱的连接构造应按具体工程设计

1—1

埋入式柱脚MZJ构造（梁板式筏形基础与中柱）

锚栓

钢栓钉

支承托座

3—3

注: 1. 钢柱栓钉、加劲肋、支承托座及锚栓等，基础主梁顶部非角筋与钢柱的连接构造，以及支承托座坐浆找平等要求，均详具体工程设计。

2. 柱脚暗柱的具体尺寸，根据侧腋构造尺寸和基础主梁角筋直径等条件实际推算。

3. 向下凸出的部分，应按基础平板下柱墩XZD进行设计标注，并按本图集的相应构造进行施工。

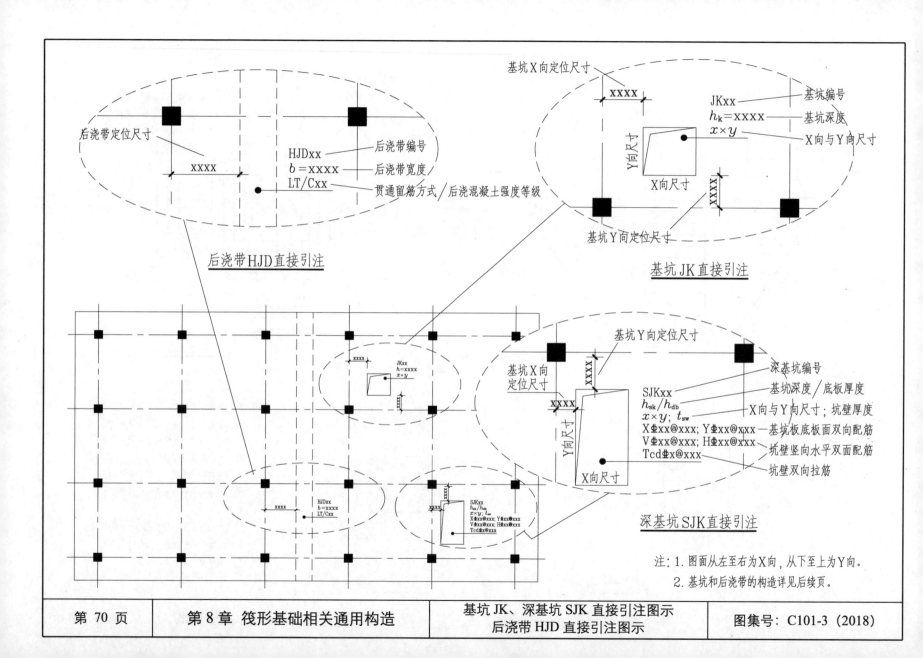

后浇带定位尺寸

HJDxx — 后浇带编号
b =xxxx — 后浇带宽度
LT/Cxx — 贯通留筋方式／后浇混凝土强度等级

XXXX

后浇带HJD直接引注

基坑X向定位尺寸

XXXX

JKxx — 基坑编号
h_k=xxxx — 基坑深度
$x \times y$ — X向与Y向尺寸

Y向尺寸

X向尺寸

XXXX

基坑Y向定位尺寸

基坑JK直接引注

JKxx
h=xxxx
$x \times y$

HJDxx
b=xxxx
LT/Cxx

SJKxx
h_{sk}/h_{db}
$x \times y$; t_{sw}
XΦxx@xxx; YΦxx@xxx
VΦxx@xxx; HΦxx@xxx
TcdΦx@xxx

基坑Y向定位尺寸

基坑X向
定位尺寸

XXXX

XXXX

Y向尺寸

X向尺寸

深基坑编号
基坑深度／底板厚度
X向与Y向尺寸；坑壁厚度
基坑板底板面双向配筋
坑壁竖向水平双面配筋
坑壁双向拉筋

SJKxx
h_{sk}/h_{db}
$x \times y$; t_{sw}
XΦxx@xxx; YΦxx@xxx
VΦxx@xxx; HΦxx@xxx
TcdΦx@xxx

深基坑SJK直接引注

注：1. 图面从左至右为X向，从下至上为Y向。
　　2. 基坑和后浇带的构造详见后续页。

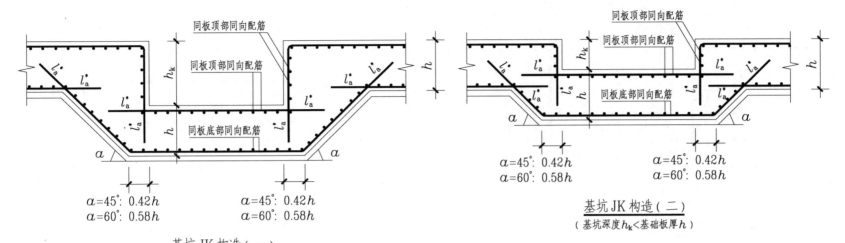

$a=45°$: $0.42h$
$a=60°$: $0.58h$

基坑JK构造（二）
（基坑深度h_k<基础板厚h）

$a=45°$: $0.42h$
$a=60°$: $0.58h$

$a=45°$: $0.42h$
$a=60°$: $0.58h$

基坑JK构造（一）
（基坑深度h_k≥基础板厚h）

注：1. 基坑同一层面两向正交钢筋的上下位置与基础平板对应相同。基础平板同一层面的交叉纵筋何向在上何向在下，应按具体设计说明。

2. 基坑侧壁的水平钢筋根据施工是否方便，可位于内侧，也可位于外侧。

3. 当基坑钢筋直锚至对边<l_a^*时，可在对边钢筋内侧顺势弯钩，总锚固长度应≥l_a^*。

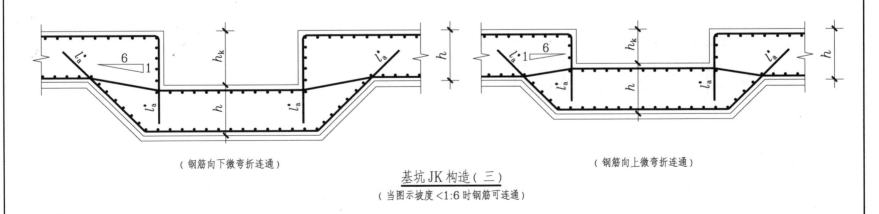

（钢筋向下微弯折连通）

（钢筋向上微弯折连通）

基坑JK构造（三）
（当图示坡度<1:6时钢筋可连通）

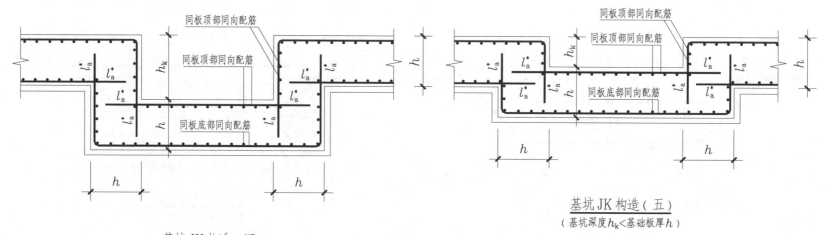

同板顶部同向配筋
同板顶部同向配筋
同板底部同向配筋

基坑JK构造（四）
（基坑深度$h_k \geqslant$基础板厚h）

同板顶部同向配筋
同板顶部同向配筋
同板底部同向配筋

基坑JK构造（五）
（基坑深度$h_k <$基础板厚h）

注：1. 基坑同一层面两向正交钢筋的上下位置与基础平板对应相同。基础平板同一层面的交叉纵筋何向在上何向在下，应按具体设计说明。
2. 基坑侧壁的水平钢筋根据施工是否方便，可位于内侧，也可位于外侧。
3. 当基坑钢筋直锚至对边$< l_a^*$时，可在对边钢筋内侧顺势弯钩，总锚固长度应$\geqslant l_a^*$。

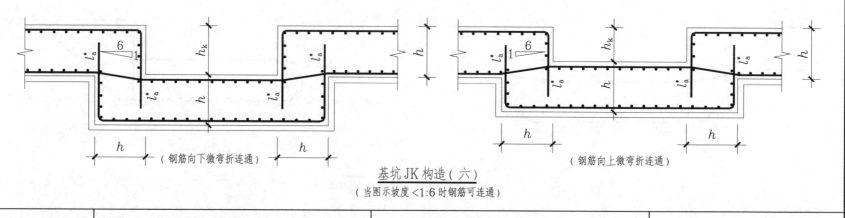

（钢筋向下微弯折连通）

（钢筋向上微弯折连通）

基坑JK构造（六）
（当图示坡度$<1:6$时钢筋可连通）

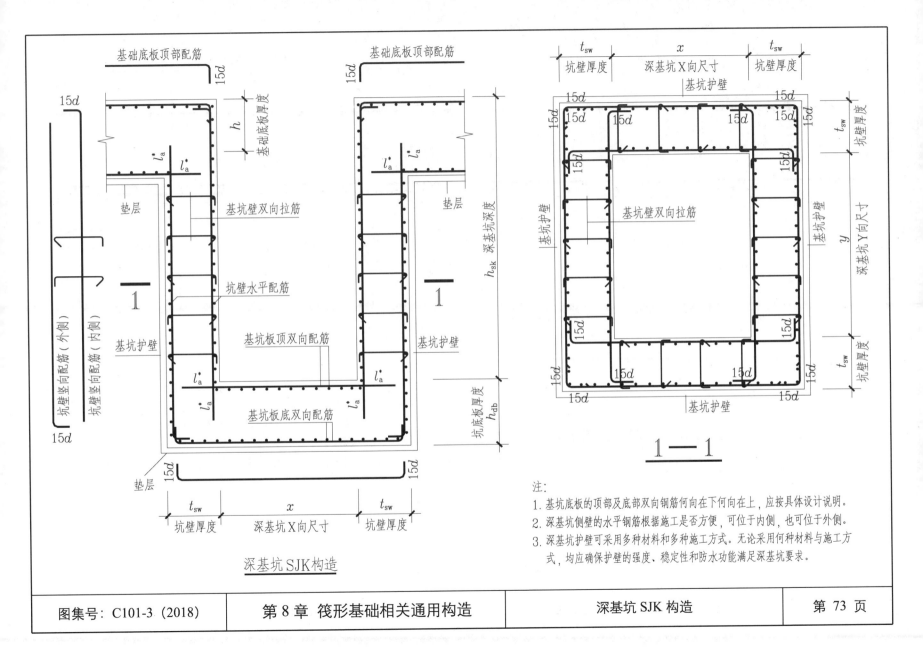

深基坑SJK构造

注:
1. 基坑底板的顶部及底部双向钢筋何向在下何向在上,应按具体设计说明。
2. 深基坑侧壁的水平钢筋根据施工是否方便,可位于内侧,也可位于外侧。
3. 深基坑护壁可采用多种材料和多种施工方式。无论采用何种材料与施工方式,均应确保护壁的强度、稳定性和防水功能满足深基坑要求。

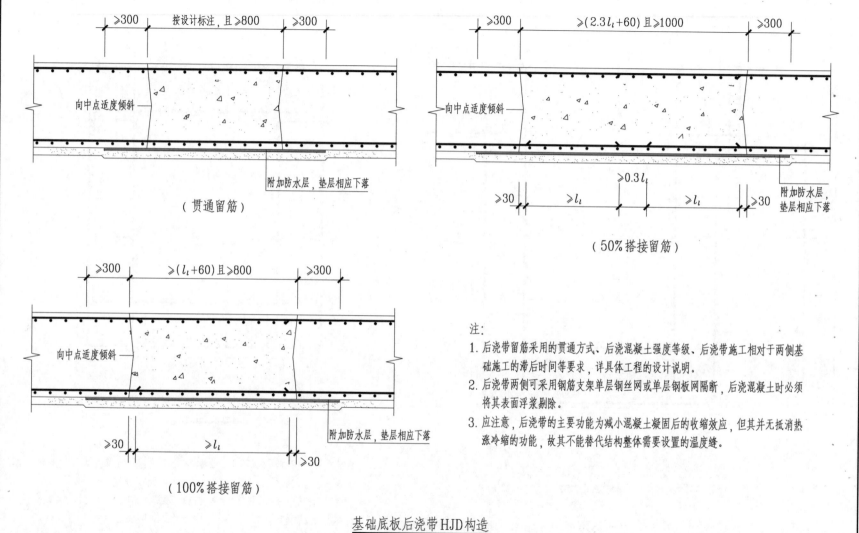

≥300　按设计标注，且≥800　≥300

≥300　≥(2.3l_l+60)且≥1000　≥300

向中点适度倾斜

向中点适度倾斜

附加防水层，垫层相应下落

（贯通留筋）

≥0.3l_l

≥30　≥l_l　≥l_l　≥30

附加防水层，垫层相应下落

（50%搭接留筋）

≥300　≥(l_l+60)且≥800　≥300

向中点适度倾斜

附加防水层，垫层相应下落

≥30　≥l_l　≥30

（100%搭接留筋）

注：
1. 后浇带留筋采用的贯通方式、后浇混凝土强度等级、后浇带施工相对于两侧基础施工的滞后时间等要求，详具体工程的设计说明。
2. 后浇带两侧可采用钢筋支架单层钢丝网或单层钢板网隔断，后浇混凝土时必须将其表面浮浆剔除。
3. 应注意，后浇带的主要功能为减小混凝土凝固后的收缩效应，但其并无抵消热涨冷缩的功能，故其不能替代结构整体需要设置的温度缝。

基础底板后浇带HJD构造

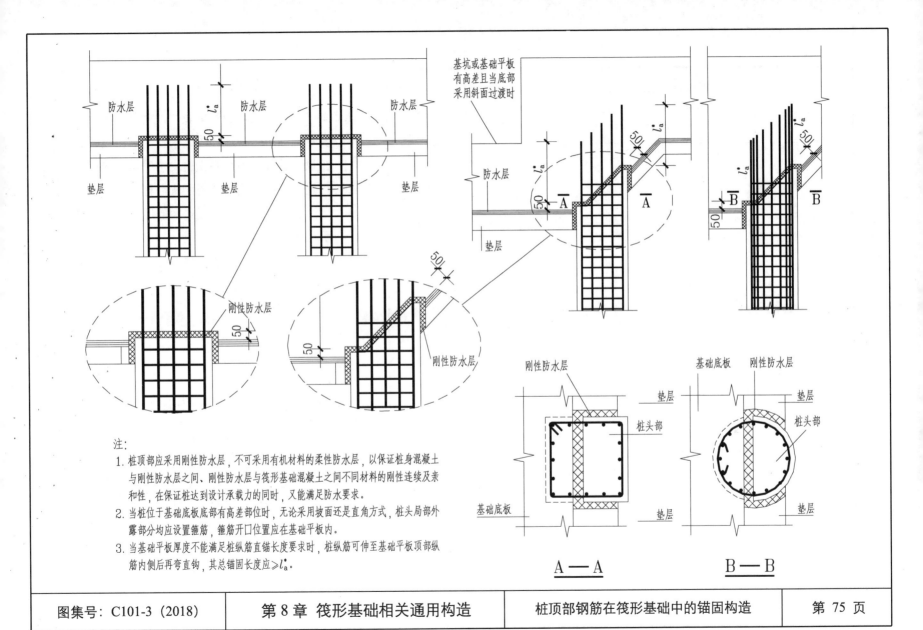

注：
1. 桩顶部应采用刚性防水层，不可采用有机材料的柔性防水层，以保证桩身混凝土
   与刚性防水层之间、刚性防水层与筏形基础混凝土之间不同材料的刚性连续及亲
   和性，在保证桩达到设计承载力的同时，又能满足防水要求。
2. 当桩位于基础底板底部有高差部位时，无论采用坡面还是直角方式，桩头局部外
   露部分均应设置箍筋，箍筋开口位置应在基础平板内。
3. 当基础平板厚度不能满足桩纵筋直锚长度要求时，桩纵筋可伸至基础平板顶部纵
   筋内侧后再弯直钩，其总锚固长度应≥l_a^*。

A — A   B — B

通用构造详图变更表

图集代号：C101-3（2018）

通用构造详图变更表应用说明

1. 本"通用构造详图变更表"，为具体工程需要对图集中的构造详图做出变更，供设计者在设计总说明中写明变更内容时参考使用。

2. 在表头栏中应注明通用图集名称或编号。

3. 应注明所变更通用构造详图的图号、名称及所在图集页号。

4. 应注明变更所适用的构件编号。

5. 应在表中汇制变更后的构造详图并加注说明。

【附注】

  通用设计可根据具体工程需要进行变更，此种变更方式亦曾用于作者本人创作的平法系列"标准设计"。在各国工程技术领域，均有相应的"设计标准"如结构设计规范、规程等，但并不存在"标准设计"。设计是典型的创作活动，在满足规范、规程规定的安全性、可靠性原则下，结构与构造设计可有多种形式，否则将导致设计僵化及技术退化。

参 考 文 献

1 GB 50010-2010 混凝土结构设计规范（及局部修订）．北京：中国建筑工业出版社，2011 年 5 月

2 GB 50011-2010 建筑抗震设计规范．北京：中国建筑工业出版社，2010 年 8 月

3 JGJ 3-2010 高层建筑混凝土结构技术规程．北京：中国建筑工业出版社，2011 年 6 月

4 陈青来．钢筋混凝土结构平法设计与施工规则（第二版）．北京：中国建筑工业出版社，2018 年 4 月

5 陈青来．混凝土结构施工图平面整体表示方法制图规则和构造详图（筏形基础）04G101-3．北京：中国计划出版社，2006 年 5 月

6 陈青来．混凝土结构施工图平面整体表示方法制图规则和构造详图（箱形基础和地下室结构）08G101-5．北京：中国计划出版社，2009 年 1 月

7 陈青来．平法国家建筑标准设计 11G101-3 原创解读．江苏科学技术出版社，2015 年 10 月